城市形象的塑造

公共艺术设计研究

姬 舟 ◎著

中国纺织出版社有限公司

内 容 提 要

本书从城市公共艺术设计知识体系入手，结合公共艺术设计的理论依据、设计原则、程序与步骤，深入阐释了城市形象塑造的复杂过程，强调公共艺术设计在提升城市美学价值和文化身份中的关键作用。此外，书中还讨论了公共艺术设计与城市空间形态的关系，以及数字化技术对公共艺术设计的影响。通过具体案例分析，本书为城市规划者和公共艺术设计者提供了宝贵的思路与启发，旨在促进城市公共艺术设计的发展，提升城市形象和居民生活质量。

图书在版编目（CIP）数据

城市形象的塑造：公共艺术设计研究 / 姬舟著. 北京：中国纺织出版社有限公司，2025.2. -- ISBN 978-7-5229-2601-8

Ⅰ.TU984

中国国家版本馆 CIP 数据核字第 2025LN7296 号

责任编辑：刘茸　　责任校对：寇晨晨　　责任印制：王艳丽

中国纺织出版社有限公司出版发行
地址：北京市朝阳区百子湾东里 A407 号楼　邮政编码：100124
销售电话：010—67004322　传真：010—87155801
http://www.c-textilep.com
中国纺织出版社天猫旗舰店
官方微博 http://weibo.com/2119887771
北京华联印刷有限公司印刷　各地新华书店经销
2025 年 2 月第 1 版第 1 次印刷
开本：787×1092　1/16　印张：12.25
字数：212 千字　定价：88.00 元

凡购本书，如有缺页、倒页、脱页，由本社图书营销中心调换

前言

　　城市形象的塑造是一个复杂而多维的过程——表层城市形象的塑造主要依托城市的外在美学，涵盖城市规划、城市景观、城市装置等设计；深层城市形象的塑造与城市的历史文化、社会价值观、社会思潮风尚等息息相关。为了出色地完成城市形象的塑造，千百年来人们在实践中总结出了许多宝贵的经验，其中，以公共艺术设计为桥梁承接城市形象的塑造是普遍认可的方式。公共艺术设计是一种基于城市现有的空间状态，充分利用各种设计元素完成艺术表达，进而提升城市环境美学价值、反映和塑造城市文化身份的设计。如今，经济发展带来的对精神文化、审美艺术的追求不仅体现在人这一个体身上，也体现在城市的发展与塑造中。因此，如何通过公共艺术设计更好地塑造城市形象成为越发重要的课题。基于此，笔者在查阅大量书籍、文献的基础上，精心撰写了《城市形象的塑造——公共艺术设计研究》一书，以期为城市形象塑造中公共艺术设计的运用提供一定的思路与启发。

　　本书共分为六章。第一章作为全书开篇，首先梳理了城市公共艺术设计的知识体系，探讨了城市公共艺术的概念与特征、城市公共艺术设计的历史发展脉络及其功能与价值，为后续内容作铺垫。第二章进而深入剖析城市公共艺术设计，对其理论依据与原则、程序与步骤、方法与策略进行了详细的阐述。第三章着重分析了城市公共艺术设计的主要形式，包括城市公共雕塑艺术设计、城市公共壁画艺术设计、城市装置艺术设计、城市公共设施艺术化设计四种。第四章站在空间分析的角度，探讨了公共艺术设计与城市空间形态营造之间的关系，内容涵盖公共艺术设计与城市空间的内在联系、公共艺术设计与不同类型城市空间的建设。鉴于城市公共艺术设计的与时俱进特性，在第五章着重围绕数字化视域下城市公共艺术设计的发展展开论述，包括数字化公共艺术设计概述、数字化公共艺术的交互系统与交互设计、数字化公共艺术设计的具体应用。在理论知识基本阐述完毕后，第六章赏析了诸多优秀的城市公共艺术设计案例，以与前文形成呼应。

纵观全书，其具有以下优点。第一，内容紧跟时代发展。对城市公共艺术的研究虽由来已久，相关著述颇丰，然而，时代的发展决定着城市建设的需求，进而决定了城市公共艺术设计必须紧跟时代的脚步。本书第五章在基本理论框架的基础上，结合当代前沿技术，论述了在数字化视域下城市公共艺术设计的新发展，能使读者掌握新近的研究方向与研究成果。第二，注重理论知识与实践知识的结合。本书的前五章内容基本都是从理论的角度围绕城市公共艺术设计展开论述。然而单纯的理论知识难免抽象，因此在第六章列举并详细分析了许多经典的城市公共艺术设计实践案例，尽可能地发挥出理论与实践之间的促进作用，能在一定程度上加深读者对此前所论述知识的理解。

本书在创作过程中得到了许多亲朋好友的帮助和支持，在此一并表示衷心的感谢。在多位学者的指导下，本书试图为城市公共艺术设计更好地服务于城市形象的塑造做出些许学术贡献，但因笔者水平有限，书中难免会有疏漏之处，希望同行学者和广大读者予以批评指正。

姬舟
2024 年 10 月

目录 CONTENTS

第一章　城市公共艺术设计概述　001
第一节　城市公共艺术的概念与特征　002
第二节　城市公共艺术设计的历史发展脉络　011
第三节　城市公共艺术设计的功能与价值　018

第二章　城市公共艺术设计的原理、过程与手段　025
第一节　城市公共艺术设计的理论依据与原则　026
第二节　城市公共艺术设计的程序与步骤　039
第三节　城市公共艺术设计的方法与策略　048

第三章　城市公共艺术设计的主要形式研究　061
第一节　城市公共雕塑艺术设计　062
第二节　城市公共壁画艺术设计　076
第三节　城市装置艺术设计　085
第四节　城市公共设施艺术化设计　093

第四章　公共艺术设计与城市空间形态营造　107

　　第一节　公共艺术设计与城市空间的内在联系　108

　　第二节　公共艺术设计与不同类型城市空间的建设　114

第五章　数字化视域下城市公共艺术设计的发展　125

　　第一节　数字化公共艺术设计概述　126

　　第二节　数字化公共艺术的交互系统与交互设计　136

　　第三节　数字化公共艺术设计的具体应用　147

第六章　城市公共艺术设计案例赏析　155

参考文献　187

第一章
城市公共艺术设计概述

城市化进程的加快带来了环境理念和生活方式的革新,这些变化正推动着城市物质与精神文化的持续进步。在这一背景下,传统的城市公共艺术设计得以传承,而新兴的设计作品也在源源不断地涌现,它们以一种动态的形态促进了城市公共空间的优化提升。因此,深入研究城市公共艺术设计不仅是现代城市发展的需求,也是一项具有深远意义的工作。本章将从整体高度出发,通过对城市公共艺术设计的概念、特征、历史发展脉络以及功能与价值的阐述,向读者展示一个城市公共艺术设计的轮廓。

第一节
城市公共艺术的概念与特征

一、城市公共艺术的概念

(一)公共艺术

公共艺术(Public Art)又被称为公众艺术或社会艺术,出现于20世纪60年代的美国,泛指公共空间中展示的、民众共同参与的艺术作品形式,既包括绘画、雕塑、壁画、建筑、景观艺术等视觉艺术,也包括舞蹈、演唱、电影等听觉艺术,还包括行为艺术、大地艺术等一些前卫艺术。由定义可知,公共艺术包含艺术创作、公共空间和大众参与三项要素,大众参与是其中的核心要素。某些作品虽置身于熙熙攘攘的公共空间,若缺乏公众的互动与认同,就不能成为公共艺术;相反,那些能引发大众热烈响应与积极参与的作品,即便出现在虚拟空间中,也能成为公共艺术。同时,它不单指一种艺术表现形式,也不单指一种艺术流派或风格,它存在于城市公共空间并为公众服务,体现了公共空间中文化开放、共享、交流的一种精神与价值。

(二)城市公共艺术

近年来,随着我国城市现代化建设进程加快和环境设计学科不断发展,体现城市文化艺术的"城市公共艺术"逐渐形成和发展起来,如今在中国已经成为一个热点话题。北京大学翁剑青教授在《城市公共艺术》一书中将其概括为:第一,城市整体发展目标的回应;第二,城市整体公共艺术实践的概括;第三,与整体性的城市和社会发展的互动;第四,对城市公共艺术整体机制和制度的构建;第五,推动城市艺术和文化的整体发展。由此可见,公共艺术是城市空间发展的核心,城市是公共艺术存在的背景和环境。

城市公共艺术在价值上使公共艺术和城市发展产生了联系，在空间上规定了公共艺术的实践范围，在行动上使城市规划和城市公共艺术实践相结合。传统的城市公共艺术形式以园林、壁画、雕塑、建筑、灯光、喷泉、音响等综合设计的组合艺术为主，随着科技的进步与媒介的多元化，城市公共艺术的表现形式日益丰富，从实体雕塑到虚拟体验，从静态展示到动态交互，不断拓宽艺术与生活的边界，让城市空间成为一个充满无限可能的创意舞台。城市公共艺术的核心特性在于其公共性，这可以从两个维度来理解：首先，从形式上看，城市公共艺术与私人艺术及传统绘画、雕塑等艺术形式存在显著差异。一方面，公共艺术存在于更广阔的公共空间内，无法以私人或隐秘的方式呈现；另一方面，它需要面向公众，而公众可以自由选择是否参与美术馆或音乐厅的活动。其次，从内涵的角度讲，城市公共艺术已进入社会广泛的交流中，它超越了对日常生活的表面美化，从美学、艺术和文化的角度出发，为城市公共空间的营造提供指导。它全面融入社会生活方式，持续引导并满足人们对精神生活的追求。

（三）城市公共艺术设计

城市公共艺术设计集合了城市公共艺术、艺术和设计三个不同概念，是指在公共空间中的艺术创作与相应的环境设计。它作为艺术的一个"年轻"门类，应如何在保持民族个性的同时，面向世界、面向时代，这是值得广大艺术设计者和艺术研究者深入思考的。城市公共艺术设计概念的出现和频繁使用，既是当代中国在公共空间的美化和提高民众生活质量方面迈出的一大步，也是其开放性与民主化的反映。

二、城市公共艺术的特征

（一）公共性和公众性

这两大特性典型地体现了城市公共艺术的社会学特征。空间上的公共性与价值指向上的公众性犹如一枚硬币的两面，不可分割。没有公共性，就不可能具有公众性。同样没有公众性，也就不可能有真正意义上的公共性（即使艺术设置在公共空间）。

1. 城市公共艺术产生的基础和背景是公共空间

在城市发展的历程中，"公共空间"与"城市"共同演变，成为衡量城市公共环境品质和居民生活水平的重要标志。在古代"市井"最初仅作为取水和交易的地点，后逐渐发展成为人际交流和物品汇聚、最能反映当时社会风俗的休闲区域。同样，西方中世纪时期的广场，起初主要服务于宗教活动的举行，然而随着时间的推移，其角色逐渐演变，成为城市居民不可或缺的户外社交核心区域。这些广场，作为民主与开放精神的象征，为市民提供了一个重要的平台，使他们能够获取新闻资讯、紧跟时事动态，并积极参与时政议题的讨论。进入现代城市发展阶段，城市公共空间的定义得到了更广泛的拓展。任何能够汇聚人群、促进交流与活动的场所，都被纳入这一范畴。具体而言，城市广场、露天市场、商业步行街以及城市公园等，均被视为典型的城市公共空间，它们在激发城市活力、增强社区凝聚力方面发挥着不可或缺的作用。这种具有开放和公开特质的、由公众自由参与的公共空间，是形成公共意见的地方，是城市公共艺术的载体，也是艺术家的创作与公众意见构成对话的领域。因此，探讨城市公共艺术不可避免地要关注公共空间的问题，公共空间的存在为公共艺术的实现提供了条件。城市公共艺术与市民的日常生活、城市的演变和发展以及环境的视觉结构紧密相连。这些艺术作品通常具有普遍的公共精神或公益特质，它们直接面向广泛的社会群体或特定社区的居民。

2. 城市公共艺术的实质是对城市精神生活的反映

城市公共艺术应该具备为社会整体服务的思想，设计作品的观念与理念必须向社会公众靠拢，向公众关心的问题靠拢。奥地利著名建筑师卡米洛·萨特在其经典著作《城市建设的艺术》中指出："我们应认识到公共艺术在城市布局中占据着一个合理且关键的位置，它能够持续地对广泛群众产生影响，这与剧院和音乐厅相比，后者的受众相对有限。"公共艺术呼吁每个人以认真和勇敢的姿态面对当代的多重复杂问题，并要求对艺术与生活持有深刻的洞察力。例如，北京朝阳公园的《抵制暴力》雕塑。该雕塑由瑞典艺术家赠送给北京市。雕塑创作灵感源于艺术家的好友约翰·列侬1980年在位于纽约市中心的住所门外被枪杀的事件。艺术家对这种无意义的死亡和随意的暴力行为感到非常悲伤和气愤，于是他以一个枪口被打结的手枪为造型，创作一件象征和平与友谊的雕塑作品。当代城市公共空间不仅作为艺术展示的场所，而且成为一个大众可以在此相互交流、休憩，感动或思考的"思想容器"般的公共空间。

3. 城市公共艺术创作的主要方式是公共参与

人民大众既是城市公共艺术的受众，也是城市公共艺术的核心，艺术品需要面向公众，服务于公众。公共艺术作品的征集提案、审议、修改、制定及设立等实施过程，应由社会（或由作品所在社区）公众授权及监督。由社会公共资金支付的现代城市公共艺术项目的取舍、变更及其资产的享有权利，从属于社会公众。其知识产权归属艺术品的创作者或其他依法持有者。公共艺术已超越了单纯的观赏性，转而成为促进社会完善的工具。艺术家的角色也发生了变化，他们不再只关注公共艺术作品的放置地点及其周边环境，而是开始参与到城市规划的整个过程和城市形象的塑造中。究其根本，公共艺术的创作是一种集体行为。关于是否创作公共艺术以及创作何种类型的公共艺术，从最初的创意、设计到最终的实施和开放管理，整个过程都应由社会大众及其代表参与，通过民主的方式共同决策。操作者在这个过程中，实际上是作为公众的代表来执行他们的意愿。近年来，随着各级政府对城市公共艺术各项投入的增加，城市公共艺术作品中的公众参与性明显增强。北京地铁南锣鼓巷站内别具一格的公共艺术作品《北京·记忆》的理念就是让工作与艺术发生互动。该作品灵感源于琥珀，将一个个代表时代缩影的老北京物件，如粮票、顶针、徽章等，通过琉璃铸造这一传统工艺封存在站厅墙面上。公众可以通过扫描二维码阅读物件背后的信息和故事，还可以通过留言等方式进行互动。

（二）开放性和通俗性

城市公共艺术作为公共开放空间的艺术活动具有很强的开放性，其开放性包括城市公共艺术活动场所的开放性和对观赏者不同审美情趣的开放性两方面，具体来说，后者更强调艺术作品的通俗性特点。

1. 城市公共艺术活动场所的开放性

城市公共艺术让艺术从高高的殿堂中走出来，走到市民中间，与市民平等对话。

（1）城市公共艺术作品与空间环境的互动关系

在空间布局上，公共艺术作品应与周围环境产生互动。公共场所如广场、公园、人行道、街道、车站等，通常是人流密集、视野开阔的开放式空间。因此，放置于这些空间的公共艺术作品需要在形态和视觉上展现出开放性，支持多角度、宽视野的观赏，并鼓励公众直接与作品互动。这强调了艺术作品与开放空间的和谐融合，共同塑造出一个统一的艺术环境。其区别于单纯的架上艺术。例如，长安大戏院地处北京建国门内的光华长安大厦，场所前人流密集、视野开阔，是国内外人士关注中国传统民间戏曲和欣赏京剧的文化场所。大厦广场正前方竖立一座京剧脸谱艺术雕像，高4.5米，是以京剧脸谱为素材，并巧借长安大戏院为背景的透雕作品，形式简约却不失生动，用最简练的线条勾勒出了精致的轮廓，用其概括的色彩彰显了京剧的辉煌历史，弘扬了中华优秀传统文化。作品色彩鲜明，气势恢宏，张力十足，具有独特的艺术魅力，与空间场所形成了良好的互动关系。

（2）城市公共艺术作品与人的互动关系

公共艺术理念承载着丰富的文化意蕴，其诸多作品在公共空间内被冠以"公共艺术"之名，旨在为广大民众服务。在这一背景下，"公众"与"观众"的界限变得模糊，共同形成了面向全体公众的室内外艺术作品的观赏群体。公共艺术打破了传统艺术中艺术家—作品—观众的线性关系，强调了公众的参与性。许多作品是艺术家、设计师与公众共同参与创作的结果，这种参与使公共艺术真正属于公众。

2. 对观赏者不同审美情趣的通俗性

公共艺术的重要职能就是服务于大众，换言之，公共艺术绝不是遥不可及的阳春白雪，而是拉近艺术与大众之间距离的重要途径。公共艺术需要在审美上具有普遍性，以适应不同社会阶层、教育背景、宗教信仰以及不同民族和地区的人们。只有通过展示多元性，包容多样的审美需求，艺术作品才能与公众建立沟通和联系，成为真正的公共艺术。"通俗性"在这里不是指作品平庸或低俗，而是指以大众审美为基础，强调艺术作品与环境、公众和谐互动的设计理念。

在公共艺术作品创作过程中，应避免创作那些仅仅迎合公众心理而缺乏创新的作品（环境艺术不应只注重实用性），同时防止将艺术家工作室或美术馆中的作品直接照搬到公共空间。在这一领域，艺术家的创造性与公共性之间的平衡是衡量公共艺术作品表现力的重要因素。

（三）艺术性和实用性

现代城市公共艺术，作为一种艺术形式，由特定的材料、媒介或设施构成，展现出独特的艺术形象或物体。此类艺术不仅承载着一定的功能，还深刻表达着某种特定的意义，旨在服务于人们的多样化行为目的。它允许公众实际使用，同时也具备高度的视觉欣赏价值，展现出独立的审美特质与空间意义。

1. 城市公共艺术作品具有艺术性

城市的快速发展必然会引起公众对文化的诉求，唤醒人们对艺术化生存的期望。有专家指出，21世纪经济发展的城市中心将向有文化积累的地区回归，城市公共艺术代表了艺术与生活、艺术与城市、艺术与大众，开始走向更广阔的天地、更庞大的群体，走向生活的本身[1]。

---

[1] 周恒、赖文波：《城市公共艺术》，重庆大学出版社，2016，第5页。

公共艺术的创作需遵循人们的审美偏好和形式美学，展现出其艺术性。这些作品基于审美艺术形式，利用形象、质感、纹理、色彩等各种元素传递意象和情感，以此触动公众，带来美的启发和体验。优秀的公共艺术作品是形式与内容的完美融合、功能与审美的和谐共生。它们不拘一格，无论是抽象表达还是具象呈现，均能在尊重材料特性与空间语境的基础上，创造出令人瞩目的视觉效果。观赏者在这样的艺术氛围中徜徉，不仅会被其外在形态之美吸引——那流畅的线条、巧妙的布局、色彩的和谐共鸣，无不触动着人的感官神经；更能在深入品味中，捕捉到作品背后蕴含的文化底蕴与精神追求，这是一种超越物质形态的审美体验，是心灵与智慧的深刻对话。这种升华过程跨越了艺术与生活的界限，在潜移默化中影响着公众的审美观念与价值取向，成为连接社会各个阶层的文化纽带。

2. 城市公共艺术作品考虑实用性

公共艺术的实用性似乎与艺术性相矛盾，其实两者存在着内在的统一。由于对公众生活的强力介入，并置身于城市的文化、娱乐、商业、服务等中心地带，公共艺术的实用性首先体现在供社会公众使用的各种公共设施上，诸如位于步行街、凉亭、林荫道的休息座椅，交通管理设施，护栏、护柱、路墩等安全设施，夜间照明设施，卫生设施，电话亭、环境绿化等，它们既可以构成公共艺术的重要载体，同时也是供各种休憩、穿行、运动、交流的实用性场所。公共艺术还可以保护生态，例如，植物群落和水域系统公共艺术是重组和改造区域环境的重要因素，起到改善气候、净化空气、保持水土等作用；而公共艺术的一些保护性设施还可以避免人在活动中遭受人为或自然的伤害，实现拦阻、半拦阻、警示等作用。作为长期放置在户外空间的公共艺术作品，它还必须考虑到维护和保养的便利性，便于视觉识别，而不能追求单纯视觉上的美观。

宫廷吊灯，作为一件巧妙融合英国汉普顿宫历史底蕴与现代审美的公共艺术作品，不仅以其无与伦比的艺术性装点着皇后阶梯的天花板，更在实用性上展现了公共艺术独有的魅力，实现了艺术性与实用性的完美统一。这件由丹麦设计双人组 Roso 工作室匠心独运的宫廷吊灯，创作灵感源自大自然的缥缈形态，巧妙地打破了传统照明工具的界限，成为一件能够激活空间氛围、引领视觉探索的雕塑作品。其设计精妙之处在于灯光与周围环境的互动，通过光影的交错与反射，不仅照亮了空间，更将整个阶梯区域笼罩在一层梦幻而神秘的氛围中，使参观者仿佛置身于既古老又现代的梦幻之境，充分体验到了公共艺术在空间营造上的独特力量。其多角度观赏的设计，更是考虑到了不同参观者的观赏习惯与需求，无论是仰望其壮丽全貌，还是近距离感受光影的细腻变化，都能获得丰富的审美体验。

（四）地域性和文化性

地理环境的多样性与历史文化的深厚积淀，共同塑造了丰富多彩的文化特性与审美情趣。城市的空间演进，作为这一自然和历史变迁的直观体现，深刻影响了不同城市的文化景观和居民生活方式。

1. 城市公共艺术设计的地域性关怀的表现

不同的城市处于不同的地理位置，具有的城市地域性也是不同的。地域性是指受某一特定区域的地形地貌、自然环境、人文特征、历史传承等因素影响，且经过长时间的同一定性而形成的认识事物的独特视角及心理感受。地域性内涵丰富，从时间上来讲，在历史发展的各阶段，城市公共艺术设计应具有持续性；从空间上来讲，城市公共艺术设计应具有独特性和主导性。所谓的地域关怀，就是对其所处的地域特色予以充分的适应与尊重。

第一，对地理环境的关怀，即对当地的地貌、气候等自然环境特征的尊重。地域性的一个重要表现因素即所处的地理环境特色。不同地域展现出独特的气候与物产风貌。以我国为例，从宏观视角审视，广袤的国土导致东西、南北地区间气候差异显著，季节更迭与降水状况亦各具特色。从微观视角审视，不同地域的物产、习俗甚至语言都是不尽相同的。厘清不同地区的地理环境特色，对城市公共艺术设计的营造是十分重要的。

第二，对地方文化和民俗的关注至关重要。世界各地的不同民族在各自长期的发展中孕育了独特的风俗和文化。城市公共艺术只有与当地民众的民族文化传统相契合，才能得到他们的认可，并实现其最大的社会价值，为人们带来愉悦和适宜的体验。

城市的地方风格和独特文化风貌在很大程度上得益于其文化和民俗的多样性。地域性关注的核心在于契合广大民众的心理需求。作为城市人文风貌不可或缺的一环，城市公共艺术设计要求创作者对作品所处的特定环境进行详尽而深入的研究，并高度重视公众的参与以及同民众进行深度交流。只有这样，才能创作出既出色又能够反映出地方文化和民俗特色的公共艺术作品，例如，位于重庆市沙坪坝区三峡广场的一系列以川江号子为主题的雕塑作品。重庆市是嘉陵江与长江的汇合地，自古以来便是河流运输中转地，当地特有的川江号子更是重庆地域文化的代表。以川江号子为主题设计作品不仅体现了重庆的地域性特点，更充分表现出了重庆的地域性带来的特有历史文化特色。

2. 全球化强化了城市公共艺术的地域文化性

城市公共艺术的地域文化性在当下的全球化语境中得到更为明确的强化。其原因主要有三点：第一，多样性的地方文化生态正面临迅速消亡的威胁，城市历史文物和古建筑艺术遭受人为流失，这引发了对文化传承的担忧。第二，城市历史风貌与传统地域文化特征的辨识度正逐渐减弱，这一现象不仅使人们的感官体验与历史情感追忆变得模糊，还使文化旅游资源面临流失的风险。第三，人们期望能够尊重自然地理与文化地理因素塑造的各类城市的独特景观与人文环境，以此为后代保留更为丰富多样的城市"样本"。

因此，受当地人文风俗、地理环境等因素的影响，无论在人文题材上，还是功能用途、设计手法、材料选择上，公共艺术设计都应当直接、鲜明地将当地的人文内涵和精神特性表达出来。对一些城市的历史文化遗迹、独特的自然环境以及空间要素，公共艺术设计应该从保护整体风貌的宏观层面出发，使城市公共艺术与原有空间形成和谐、一致的局面，不破坏原有的整体结构，这是对显性历史遗产的直接保护与延续。总之，城市公共艺术应当成为历史文化的载体、市民情感的寄托、城市色彩丰富的符号、人民智慧启迪的窗口。

（五）综合性和统一性

公共艺术在设计上要综合考虑实用功能、公共要求、艺术审美、环保观念、技术发展等要素，实现建筑、自然、人文之间的统一。

公共艺术的创作与艺术家在工作室中单纯的个人艺术创作不同，大型公共艺术的创作通常都体现出协作性和团队精神。公共艺术创作不是个人行为，而是一种社会化的协同工作，涵盖美术学、艺术设计学、建筑学、规划学等学科，并涉及历史学、社会学、民族学、心理学等领域，还需要由相关社会管理部门相互协调，是通过多环节、多工序全面整合的产物，体现出一种合作意识。因此，它是以艺术为导向的城市综合设计。打破过往城市综合开发沿用的"纵向机制"；规划、设计、建筑、景观、公共艺术等相对独立、缺少融合的弊端，建立起新的"横向机制"。一个公共艺术项目往往通过工程师、建筑师、建筑工人、电气工程师、文案策划人、记者、市民代表、公共关系专家、社会学家，甚至摄影师、影视导演、广播电视技术人员等的全面协作，以及政府或企业的资助，经共同策划、论证、立项、设计，最后才得以实施，具有高度的综合性，体现出群众性和科技、学术、艺术的前沿性的结合。

从包豪斯开始，纯艺术、设计和建筑的结合已经被提上议事日程，今天这种交叉和综合的形式已经成为许多人的共识。到20世纪90年代，公共艺术的发展已经超越了开放广场上单独的纪念碑，现代公共艺术家可以设计整个广场，创造一个场景改变都市环境或重构一个地段。公共艺术关涉城市规划、建筑景观，诸如道路与结合部设计、住宅环境设计、园林设计、社区学校和购物中心设计、城乡地区的规划，通过对地域、地理、历史、生态、文化的调研，借助设计手段，把建筑、园林和纯艺术融为一体，实现人、人造物和自然之间的和谐。因此，公共艺术又表现出高度的统一性。

（六）时代性和可持续发展性

城市公共艺术是时代发展的镜像与未来愿景的载体。时代性强调其审美认知紧扣时代脉搏，融合多元文化与创新技术手段，不断挑战并重塑公众的审美边界。可持续发展性既体现在对自然环境的尊重与和谐共生，也体现在对人文特色的深度挖掘与传承。

1. 城市公共艺术的时代特征

公共艺术作为当代艺术的一个重要分支，其独特之处在于与古典艺术和现代主义艺术的显著区别。在创作过程中，公共艺术作品需紧扣时代脉搏，确保在整体设计构思及作品形态塑造上，能够鲜明地展现出当代人普遍认同的时代特色与时代风貌，以此实现与时代的同步发展。

一方面，时代对公众认知的影响。时代的洪流深刻地塑造着公众的认知图景，公众对公共艺术的接受与反馈模式体现出鲜明的时代差异性。艺术家作为这一进程中的敏锐洞察者与创意推动者，不仅引领着公共艺术的发展潮流，更巧妙地将时代的精髓融入每一幅作品中，使之成为时代精神的镜子与回响。公共空间作为公共艺术的载体，其时效性特质尤为显著，它不仅为艺术提供了赖以生存的土壤，更在无形中界定了公共艺术的边界与形态。公共艺术正是在具体的时代语境下，被赋予了明确的时代特征，它不仅是对当下社会风貌的直观反映，更是公众审美需求与时代精神交织碰撞的产物。时代如同一根纽带，将艺术、公众、艺术家等联系在一起，并结合具体的艺术空间推动着公共艺术不断向前发展。

另一方面，时代对表现方式的影响。除了传统的雕塑、壁画等表现形式，如今伴随着影像、装置、新媒体等艺术形态逐渐丰富，艺术家越来越多地运用新的手段、新的媒介和新的科技来表现作品，使公共艺术介入城市公共空间的方式和手段更加多样化。

2. 城市公共艺术的可持续发展理念

从发展的角度来讲，我们可以看出，城市公共艺术作品随着城市的变化、公众对城市生活需求的变化而不断变化，且没有最终的完成体。在当代社会，可持续发展性成为公共艺术不可或缺的考量维度。

在自然性方面，现代城市公共艺术已超越单纯的美学追求，转而拥抱一种更为深刻的生态哲学，倡导充分尊重公共空间的植被、水源、地势等土地特征，将城市公共艺术形式、布局及技术对公共空间的影响降至最小。城市公共艺术与现代建筑设计一样，将"生态优先"作为不可动摇的基石。城市公共艺术的形式与布局，不再是孤立于环境之外的创作，而是深深植根于结构的逻辑、材料的特性、空间的布局以及与周边环境的微妙互动中。这种"形式追随生态"的设计理念，倡导的是一种和谐智慧的艺术表达，让公共艺术成为连接人与自然、促进生态平衡的桥梁。野口勇的公共艺术设计实践，尤其是北海道札幌Moere沼公园的作品，便是对这一理念的生动诠释。他巧妙地将艺术融入自然，创造出视野开阔又亲密无间的空间体验，让民众在享受自然之美的同时，也感受到艺术带来的心灵慰藉。更重要的是，这一设计实现了能耗降低与设备简化的目标，展现了城市公共艺术在采用可持续生活方式方面的巨大潜力。

在人文性方面，在现代城市发展的历程中，以经济为核心的现代主义世界观使许多城市失去了它曾经拥有的人文特色，而新兴的城市又因缺乏历史沉淀而成为文化、精神层面上的沙漠，使城市变得更加无情和冷漠。对此，城市公共艺术作为城市文化的载体，应具备充当城市名片的作用，随着城市的发展，城市公共艺术设计也应与时俱进、共同发展，成为一个可持续的文化宣传标杆。

第二节
城市公共艺术设计的历史发展脉络

一、公共艺术的起源和发展

关于公共艺术的起源，不同学者持有不同的看法。"史前说"的代表认为，公共艺术最早可以追溯到史前洞穴岩画和原始部落创造的巨大的纪念物和偶像雕刻。"广场说"的代表认为，古希腊人自古以来便擅长运用艺术手法刻画人物形象，以示纪念。在古希腊与古罗马时期，城市广场上的雕塑作品不仅展示了艺术之美，更在一定程度上体现了公共艺术的开放性和公共性特质。"欧洲说"的代表塞拉裘茨·麦考尔斯基教授经过深入研究后指出，公共艺术的初步形态起源于16世纪的欧洲。具体而言，1572年，在意大利西西里岛的墨西拿镇，诞生了首座纪念爱国事件表现爱国精神的圣方济各·帕维西公共纪念雕像。这一创举标志着公共艺术的功能性发生了显著变化，它不再仅局限于向君主、贵族等个体表达尊重和顺服，而是转向了对具有广泛公共意义的历史伟人和爱国事件的纪念。这一转变极大地提升了公共艺术的价值层次，使其达到了前所未有的高度。

（一）古希腊与古罗马时期的公共艺术

早在古希腊时代（公元前800—前146年），城市公共空间就已有装饰着象征宗教和政治权力的艺术作品。希腊城邦是最早利用社会性和宗教性艺术进行教化，并在较广范围内培养公众艺术评价和欣赏能力的地区之一。始建于公元前447年的雅典卫城的帕特农神庙就是展现古希腊公共艺术特色的一大例证。随后，在罗马帝国时代，为了彰显政治权力，统治者开始大量制作皇帝雕像，并将其安放在皇宫的各个地方，以此来体现罗马帝国的君主威严。受东方教会的影响，罗马教廷制作了壮丽的拉文纳马赛克艺术。这些宗教建筑，通过运用雕塑、马赛克、浮雕、祭坛装饰以及彩色玻璃窗等多种宗教艺术形式，成为当时较为瞩目的公共艺术项目。它们不仅展现了美学上的卓越成就，更以宗教的庄严感深刻地影响并激励着社会大众。

在这一时期，城市和国家逐渐发展起来，出现了民主政治的雏形，并且首次运用"市民社会（Civil Society）"一词。市民社会是一种相对独立于政治的、自治的社会生活空间，赋予市民政治与社会权利。公共艺术是大众以个体身份参与的社会性活动，只有市民社会才具备这样的活动条件，市民社会是公共艺术存在的基础。欧洲中世纪虽然采用教会统治方式，但10世纪以后，当时的商人们为了追求个人利益的最大化，开始通过契约方法结成新的社会共同体，如公司、企业或行会，并通过交换、转让等方式逐步获得城市自治权利。"城市的空气使人自由"，独立自主的市民精神开始出现，后来的文艺复兴运动就是在这个基础上取得成功的。

（二）文艺复兴时期的公共艺术

毋庸置疑，在意大利文艺复兴的辉煌时期，作为艺术史上一颗璀璨的明珠，其艺术作品的创作及赞助体系与北方文艺复兴有着鲜明的差异。在这一历史阶段，意大利的艺术创作深受教廷与地方权贵慷慨的支持。尤为显著的是，意大利的杰出画家与建筑师乔托·迪·邦多纳，在帕多瓦的斯克罗维尼教堂内，凭借非凡的才华创作了一系列壁画，这些作品不仅展现了独特的艺术风格，更为意大利文艺复兴时期的基督教艺术增添了绚烂的光彩。与此同时，雕塑家多纳泰罗的青铜雕塑《大卫》，凭借其卓越的技巧与深刻的主题，成为该时期艺术珍品中一颗的璀璨明珠。米开朗琪罗的大理石雕塑《哀悼基督》，以其深邃的情感表达与非凡的艺术成就，赢得了世人的赞誉。特别地，米开朗琪罗的另一雕塑作品《大卫》，自诞生之日起便广受赞誉，其展现的英勇无畏与坚定信念，成为佛罗伦萨人民抵抗外敌、保卫家园的精神象征。这座雕像以其无懈可击的比例、栩栩如生的姿态以及深远的寓意，被誉为西方艺术史上最为杰出的男性裸体雕塑之一，其艺术价值与历史地位均难以估量。

随着欧洲文艺复兴运动带来的新的文化观念，以及社会意识和审美取向的转变，出现了一大批艺术大师，他们创作的这些建筑及其雕塑艺术同自然环境和整个城市景观融为一体，造就了比古代建筑艺术和壁画艺术更为整体和谐的、集功能与审美于一体的艺术杰作，强有力地表现了社会特征，使公共性内涵更为明显。

（三）巴洛克时期的公共艺术

17世纪见证了天主教会发起的宗教宣传运动最后的辉煌，这是一场意在重新获得威望与权力的宗教运动。伴随着宗教改革，巴洛克艺术的浪漫风格被天主教会广泛运用于建筑、绘画和雕塑领域。这种艺术形式始于17世纪，正值天主教会在其中心罗马强烈反对宗教改革的时期。在巴洛克建筑的典范之作中，翻修后的罗马圣彼得大教堂占据一席之地，其壮观的穹顶是世界上最高的教堂圆顶。在雕塑艺术的殿堂里，乔凡尼·洛伦佐·贝尼尼在罗马科尔纳罗小堂完成的《圣德列萨的神魂超拔》无疑是令人叹为观止的精品。巴洛克雕塑以其复杂的人体动态曲线和鲜明的光影对比而闻名。当这组雕塑被置于祭坛上时，上方还装饰有金色金属条，在灯光作用下，金属条的反射光增强了作品的戏剧效果。同一时期的宗教艺术大师还有鲁本斯、卡拉瓦乔和委拉斯开兹等。

（四）18世纪后的西方公共艺术

在18世纪后，由于天主教会减少了对艺术方面的资助，西方的公共艺术逐渐转向纪念主教、君主和杰出英雄，如位于伦敦特拉法加广场的纳尔逊纪念柱。这座高51.59米的柱子是为了缅怀在1805年特拉法加海战中牺牲的海军上将霍雷肖·纳尔逊。此外，城市建筑也成为公共艺术的一部分。美国华盛顿的国会大厦、纽约的自由女神像与圣帕特里克大教堂，共同构成了该时期的标志性建筑群落。在欧洲，该时期的公共艺术展现出更为丰富的形态，诸如新古典主义风格的伦敦国家美术馆、新哥特风格的英国议会大厦（威斯敏斯特宫）、法国的巴黎歌剧院与埃菲尔铁塔等，均是该时期艺术的杰出代表。

一方面，工业革命使西方社会开始了近代城市化和工业化进程。在这个过程中，民主的思想意识和科学技术发展相互促进，推动了现代西方社会城市景观与城市文化的不断转变，尤其是工业化在现代城市建设中形成的负面影响，导致了人们对以往闲适、温馨、富于浪漫色彩的城市文化的精神回归。另一方面，随着欧洲市民社会结构的深刻变革及资产阶级公共领域的崛起，艺术挣脱了教会与宫廷的桎梏，日益显现出世俗化的倾向。在公共领域内展示的艺术品，赋予公众自由抒发非专业见解的机会。这一变化促使艺术不再为精英阶层独占，而是广泛触及普罗大众。公众通过深入反思与领悟哲学、文学及艺术，不仅促进了个人心智的觉醒，还积极投身于一个充满生机的启蒙时代洪流之中❶。

从20世纪开始，公共艺术在功能性、表现形式和使用媒介上呈现出丰富的多样性。随着政治需求的增长，公共艺术的宣传作用得到了加强，特别是在社会主义现实主义艺术运动中表现得尤为明显。这一艺术形式是在斯大林的倡导下，为了促进1927年以后苏联的工业发展而兴起的。在那个时代，无论是海报、绘画还是雕塑艺术作品，都被用作宣传社会政治的进步。20世纪二三十年代的墨西哥，迭戈·里维拉、大卫·阿尔法罗·西凯罗斯和何塞·克莱门特·奥罗斯科三人发起了著名的墨西哥壁画运动，他们在公共建筑物上绘制壁画，宣传墨西哥民主革命。作为艺术与社会紧密结合的典范，不仅影响了苏联、中国等社会主义国家，甚至20世纪30年代美国的壁画运动也深受其启发和影响，并且至今各国的大型纪念艺术仍可从墨西哥壁画中汲取有益的营养。

二、现代公共艺术的发展

现代意义的公共艺术作为一个独立的名词及公共政策发端于美国。"W.P.A项目"堪称国家公共艺术政策的先行者，在20世纪30年代美国经济深陷大萧条之际，罗斯福总统力推国家基金计划以应对危机，在此背景下，联邦艺术项目应运而生，引领了城市壁画艺术的风潮。此次运动全面依托政府资助，旨在通过资助艺术家为公共场所创作壁画、雕塑等艺术品，以艺术的力量点缀公共空间。自"W.P.A项目"启动后的次年，即1935年，作为政府艺术扶持政策的又一里程碑，"联邦艺术项目"亦扬帆起航。随后的近十年，数以万计的

---

❶ 哈贝马斯：《公共领域的结构转型》. 曹卫东、王晓钰、刘北城等译，学林出版社，1999，第46页。

艺术家投身其中，为美国各地的公共建筑、公共空间及广场等区域，贡献了约2500幅壁画及18000件雕塑作品。此项目不仅标志着公共艺术新时代的开启，更是首次将艺术从封闭的美术馆中解放出来，广泛而深入地融入公众生活与公共空间，彻底革新了艺术的传统形态。艺术家们因此获得了前所未有的创作自由与空间，自此公共艺术在美国迅速崛起，其影响力亦跨越国界，席卷全球。

20世纪60年代见证了公共艺术的真正兴起，特别是在美国，随着"国家艺术基金会"的成立和"公共艺术计划"的推行，街头艺术成为提升城市居民文化和环境品质的手段之一。此后，美国超过30个州通过立法手段推动公共艺术的发展，施行了将建筑预算的1%用于艺术创作的"百分比法案"。"最主要的特点是强调社会公众参与之下的艺术和社会审美文化的普及，改善和提高了公共生活环境的文化品质，使艺术建设成为社区文化、城市形象和公众福利事业建设的重要组成部分。"[1]这项政策以法律的强制性特征为美国公共艺术的发展提供了政策和经济上的保障。同时，对提高公众的审美素质，增添国家和地区的文化艺术财富都有着不可估量的作用。

欧洲国家一直以来就有着在城市广场设立纪念碑雕塑的传统，这为欧洲各国现代公共艺术的发展奠定了良好的基础。法国于1951年通过法案，规定将总预算的1%用于公共艺术。1982年10月，法国文化部正式成立两个单位，一个是艺术造型评议会，甄选艺术家和审核公共艺术提案；另一个是国家艺术造型中心，管理公共艺术委托制作的经费预算。1988年，法国文化部又成立国家公共艺术委员会，主要职能是负责公共艺术项目的监督和咨询。在良好的公共艺术制度保障下，法国的公共艺术实践非常成功，尤以首都巴黎拉德芳斯新区的公共艺术引人瞩目，如配合新凯旋门设计的如帐篷般的软雕塑，这件作品位于高达105米的玻璃砖巨门下，不仅有效调节和缓冲了建筑与人在尺度上的巨大压迫感，同时柔和的曲线也软化了建筑给予人们的冷峻印象。此外，自20世纪50年代起，德国、西班牙、北欧国家也积极推动城市景观的美化以及都市风貌的规划，投入相当多的公共艺术经费从事公共艺术规划和建设，取得了令人瞩目的成果。

在亚洲，日本是在全国范围内进行公共艺术建设最早的国家，对公共艺术实践十分重视。日本政府从20世纪80年代中期起，就通过立法，规定将建筑预算的1%划拨为景观艺术的建设基金。在城市公共艺术的设置及社会公共环境的治理上制定了详尽的规定。总之，日本的公共艺术发展是在结合国情与民族文化的基础上，吸收西方艺术理念和设计手法逐步形成的。

---

[1] 翁剑青:《城市公共艺术》，东南大学出版社，2004，第15页。

三、中国当代公共艺术的勃兴

（一）改革开放以后的中国公共艺术的发展

中国公共艺术的发展大致可以分为两个阶段，一是早期的公共艺术深受苏联纪念碑的影响，呈现较为明显的政治意识形态。二是改革开放后，我国公共艺术获得了良好的发展机遇，作品如雨后春笋般出现。这是因为，"第一，改革开放极大地促进了经济的发展和城市的发展，这就为公共艺术的发展创造了好的环境。第二，伴随着社会生活水平的不断提升，一个公民化的社会正在形成，民众对如何在公共空间里放置艺术品拥有发言权。"[1] 1979年9月26日，首都国际机场壁画的落成标志着中国当代公共艺术的兴起。随着首都国际机场壁画影响的扩大，以壁画和雕塑为主的艺术形式受到了前所未有的关注，涌现了一系列既反映地域特色又体现时代精神的艺术作品。例如，1980年，雕塑家潘鹤、段积余、段起来等艺术巨匠，在珠海市共同铸就了《珠海渔女》这一雕塑杰作。1984年，潘鹤在深圳独立完成了《开荒牛》的雕塑创作。这两部作品不仅深刻融入了地域文化的精髓，更鲜明地展现了时代风貌。在此时期，城市公共艺术的创作趋势显著转向，更加重视与周围环境的和谐共生，这背后与自改革开放以来我国城市经济迅速崛起引发的环境保护滞后及生态环境问题日益凸显的背景紧密相连。公共艺术逐渐从注重主题和表现形式的雕塑、壁画等传统美术形式，转向包含建筑、雕塑、壁画、园林、城市规划和道路设计在内的综合性环境艺术。20世纪90年代，中国公共艺术的发展掀开了新的历史篇章。在中国社会转型的大背景下，随着社会的持续演变，城市公共艺术领域展现出了新的风貌。一方面，城市公共艺术日益融入商业社会的脉络，催生了多种以盈利为导向的商业艺术形态，诸如海报设计、广告宣传及平面艺术等；另一方面，随着公众消费能力的增强、生活模式的变化以及文化自觉性的提升，一种以消费为核心的艺术形态——波普艺术逐渐崭露头角。波普艺术倡导贴近民众的审美取向，聚焦于文化消费，有效提升了公众的参与热情。与此同时，公共艺术的概念在我国得到了实质性的应用，相关的理论研究亦在持续深化中。可见，城市公共艺术的发展及其文化价值的体现是我国政治体制的完善及经济发展的必然结果。

---

[1] 鲁虹：《努力使公共艺术成为可能》，《美术观察》2004年第11期，第15页。

(二) 21世纪的中国公共艺术的发展

进入21世纪，中国的公共艺术已经超越了单纯模仿西方艺术的阶段，转而从本土文化出发，探索具有中国特色的艺术意象。在思想和观念上实现了转变，并在艺术形式、使用材料等方面进行了创新。城市规划开始融入城市设计理念，标志着进入了一个对公共空间进行有意识规划和设计的新时期。

1. 奥运公共艺术

2000年后，北京奥运会的举办成为中国公共艺术发展的重要契机。这场国际盛事不仅为公共艺术的展示提供了一个崭新的舞台，也为中国公共艺术的繁荣带来了前所未有的机遇。经过五年的精心筹备，北京及其合作城市开始对公共艺术予以高度重视，并全面启动了创意与设计工作。此举催生了大量的公共艺术杰作，促进了公共艺术形式与媒介的革新。公共艺术的领域已扩展至城市雕塑与壁画之外，包括灯杆、旗杆、栏杆，以及广告牌、标志牌、宣传牌等元素，甚至公交站台、地铁站台，乃至城市夜间照明系统，均经过了周密的设计考量。这些富有创意的公共艺术设施共同构筑了奥运中心区的中国形象。无疑，北京奥运会在中国公共艺术的发展史上起到了里程碑的作用。

2. 地铁公共艺术

地铁公共艺术，在新时代的浪潮中绽放出璀璨光芒，其深邃的内涵与多元的艺术风貌，已成为推动地铁交通文化深化的关键力量。自20世纪70年代北京出现地铁以来，袁运甫创作的北京地铁2号线建国门站壁画《天文纵横》，以及张仃创作的北京地铁13号线西直门站壁画《大江东去图》和《燕山长城图》等作品，成为中国地铁公共空间艺术实践的先驱，尽管受限于时代，但仍为后来的地铁公共艺术的应用奠定了基石。

目前，中国地铁建设已跨越四十余载辉煌历程，全国范围内运营的城市地铁交通线路已超过300条，总运营里程更是突破10000公里，织就了一张四通八达的地下交通网[1]。在这一进程中，地铁空间不再仅仅是通勤的通道，更成为展现城市地域特色与人文底蕴的重要窗口。各大城市纷纷将公共艺术融入地铁建设，精心打造独具特色的视觉盛宴，

---

[1] 赵文涵：《我国城市轨道交通运营里程突破1万公里》，新华网，http://www.news.cn/20240112/086dc151cfa8474b820f5b08ec2cc727/c.html，访问日期：2024年7月11日。

旨在将地铁空间升华为城市的文化地标与视觉名片，已成为当代城市建设的一种趋势。在城铁环境中，公共艺术承载着调节空间环境氛围、提升城市文化品位、弘扬城市精神文明的作用。

第三节 城市公共艺术设计的功能与价值

一、城市公共艺术的功能

（一）城市公共艺术的审美功能

审美是公共艺术承担的最重要、最核心的功能。斯托洛维奇指出，"艺术的任何一种特殊的功能意义必定以艺术的审美本质为中介，在这种含义上它是审美的功能意义。""审美就是艺术的各种功能意义的形成系统的因素"。❶作为一个艺术大类，审美功能在公共艺术的功能系统中也发挥着同样的作用，将公共艺术的各种功能紧密地联结为一个整体。

1. 公共艺术本身形式语言的审美功能

在所有的艺术形态中，公共艺术可以说是最大体量的艺术。这首先是基于为公众提供生活与活动空间的实用功能，其体量之大，超越了日常尺度的局限，成为激发想象力与引发情感共鸣的源泉。例如，奥登伯格巧妙地将日常琐物，如衣夹、纽扣、伞具、火柴等，以超乎寻常的比例放大，矗立于市区的街心花园与广场，这些作品不仅带来了视觉上的趣味与新奇，更深层次地触动了人们对"崇高"美学的感悟。正如爱德华·伯克所说，"无限会在人们心灵里填入愉快的恐惧"❷。如果联想我们面对罗马竞技场或埃菲尔铁塔的第一反应，便能深刻体会艺术品大小在审美经验上带来的强烈震撼。如果把以上建筑缩小到十分之一或百分之一，不但减少了它们的量，同时也损及了质，势必减弱情绪上的感染力。

公共艺术之美，不仅限于其宏大的外观，更在于形状的精妙运用。阿尔瓦·阿尔托在

---

❶ 斯托洛维奇：《生活·创作·人：艺术活动的功能》，凌继尧译，中国人民大学出版社，1993，第70页。
❷ 朱光潜：《西方美学史》，人民文学出版社，2002，第235页。

1995年维也纳建筑师协会的演讲中提及："造型是个不可思议的东西，无法定义，却以殊异于社会济助的方式使人觉得愉快。"❶ 的确，每一形状背后都蕴含着丰富的信息与情感，它们以微妙而真实的方式触动着我们的感官与心灵。此外，形状还引人注意、令人好奇，以各种方式刺激或排斥我们。有些形因为带有特殊的信息，很容易理解它为什么会动人，有些则难以解释。不论解释与否，形的力量都是无可置疑的。赫伯特·拜耶的作品《双重升腾》以其独具匠心的台阶形状，以及光影、色彩、背景的高水平处理，吸引着无数行人驻足欣赏。其实，任何形状只要能引起人的回忆、回应，或因为其他的形而被提及，都可能成为好的设计。

2. 公共艺术与空间整体关系的审美功能

城市空间是城市特性和特征的物质表现，是城市中最易识别、最易记忆的部分，是城市魅力的展示场所，更是公共艺术品的背景。公共艺术必须和城市景观空间发生关联，找到机会创造一些所谓的周遭，将本身及附加的部分延伸到周围景致里。壁画、雕塑、园林都可以调和建筑物与自然。凉亭、植栽、假山和像墙似的树篱、方尖碑似的柏树——可以软化雕塑与庭院间生硬的差异，能够画龙点睛地活化周围的空间，构成与整个空间环境融为一体的美学规则。从某种意义上说，公共艺术对环境空间进行调节，还应多与文化背景相对应，与城市文明相联系，具有实地文化特征。从而让公共艺术设计更好地发挥作用，提升现代城市的文明程度，改善城市环境质量，创造具有文化价值的生活环境。毫不夸张地说，公共艺术品本身就是文化的一种表现形式。

（二）城市公共艺术的文化功能

关于公共艺术的象征功能，从符号学角度看，一座城市的公共艺术设计，就是一种文化符号，以其特有的形式语言，诉说着城市的多重文化：它的市井生活、人间百态，它的历史沧桑、现在和未来。

1. 城市公共艺术能通过营造视觉形象来表达城市精神

公共艺术以其生动醒目的视觉形态，不仅能够将公共环境多元化的功能用更有效的信息系统表达出来，而且能给人们带来快乐和兴奋的感受。在林立的高楼与不息的车流之间，

---

❶ 史坦利·亚伯克隆比：《建筑的艺术观》，吴玉成译，天津大学出版社，2016，第41页。

公共艺术以其鲜明的图像标识脱颖而出，成为都市风景线中不可或缺的一抹亮色，引领着人们的视线与思绪。那些精心设计的形状、色彩及其和谐组合，不仅赏心悦目，更承载着丰富的情感与理性的信息，如同城市的低语，向每一位过客诉说着故事，传递着温暖与启迪。作为城市的视觉符号与形象代表，公共艺术以其独特的魅力，引领着人们穿梭于城市的每一个角落。它不仅是地理方位的指引者，更是文化品位的彰显者。通过辨认、记忆、提醒、判断与引导等多重功能，公共艺术为城市文化建设提供了有力的支撑，成为提升城市文化品位的重要力量。

2. 城市公共艺术能传承历史文化，发挥教化功能

城市的历史文化是经历了几百年甚至上千年的积淀留给我们的宝贵的精神和物质财富。城市居民对历史遗迹、历史文化名人、历史传奇故事、历史档案都寄托着情感，感受其深厚的文化底蕴，追索其蕴含的城市的文化之根，从而感到弥足珍贵。一个城市的公共艺术作品都是以当地的文化习俗和生活习惯为主要设计元素的，它反映了这个城市居民的生活习俗和精神文化，被赋予光荣的使命，通过向公共传播优秀的民族文化和文明风采，鼓舞人们积极进取、奋力拼搏，也提醒我们在吸收和引进先进技术的同时，不要忘记传承优秀的历史文化传统。例如，函谷关老子圣像的建造是宣传道家文化的一个标志，也是一个爱国主义教育的文化基地，以及弘扬、培育民族精神和时代精神的重要场所。

（三）城市公共艺术的社会交际功能

1. 公共艺术空间促进社会交往

西方行为心理学研究成果显示，户外空间质量的好坏，对市民户外活动时间和强度有极大影响。公共艺术对公共空间的介入，增强了户外空间的魅力，延长了他们逗留户外的时间，为拓展人际交往提供了便利条件。公共艺术对公共空间的介入，还能够满足后工业时代人们的特殊精神需求。随着工业化进程的加快与城市功能的精细化分割，众多曾充满活力与生气的城市和社区逐渐失去了往日的喧嚣与活力，被一层淡淡的沉寂笼罩。人类内心深处对激情与活力的渴望越发凸显，成为时代精神的新诉求。在公共空间中，每一次相遇、每一次对话，都是对生命多样性的生动诠释，它们共同绘制出一幅幅生动而多彩的生活画卷。在这样的情境下，公共艺术不仅仅是装饰，更是激发城市活力的催化剂，成为连接人心、唤醒城市灵魂的桥梁。这也正是世界各国各地区重视公共艺术，甚至制定出台相关政策，大力投资公共艺术的原因所在。

2. 公共艺术作品增进交流互动

公共艺术强调公共性，它的策划和实施不是单一的个人行为，而是社会、公众、公共空间在相互作用中共同实现的。它作为一种社会事件和活动，不同于在工作室内进行的个体性艺术创作。以1998—2000年深圳市实施的大型公共艺术项目《深圳人的一天》为例，它的创作过程是规划者、设计者和市民互动的结果，同时也说明公共艺术的社会交际功能在其创作伊始就已呈现出来了。当一件公共艺术作品被创作出来后，它就超越了物质形态的界限，是时代精神、社会阶层、民族文化、人民情感乃至全人类智慧与情感的结晶。既然它是主观化的客体，是精神化的物，那么，对它的艺术鉴赏，实质上就是一场深刻的人际交往与心灵对话，每一个参与者都扮演着主动而自由的角色，共同编织着意义与理解的网络。这一独特的对话过程，可以细化为一系列紧密相连的交际环节。第一，是艺术家与世界之间的深刻对话，他们通过作品表达对世界的观察、思考与情感投射；第二，这一创作过程伴随着艺术家与自我内心的深刻交流，是自我探索与表达的旅程；第三，艺术作品作为这一对话的物化成果，与广大参与者展开跨越时空的对话，引发共鸣，启迪思考；第四，这些参与者之间又会因作品而聚集，分享各自的感悟与体验，形成更为广泛而深远的社会交流。在这个意义上，公共艺术作品的社会交际功能得以彰显，成为连接个体与集体、过去与未来、现实与理想的桥梁。

（四）城市公共艺术的经济功能

公共艺术通过其丰富的表现形式和深刻的内涵，不仅提升了城市的审美和文化水平，还成为吸引投资、促进产业升级的关键因素。在改善城市面貌的同时，它也悄然改善了城市的投资环境，为城市的经济增长注入了新的动力。旅游业也因此得以蓬勃发展，游客们被这些富有创意与情感的公共艺术作品吸引，纷至沓来，探索城市的每一个角落，体验其独特的文化氛围。克里斯托夫妇在德国策划的标志性公共艺术行动——德国国会大厦的包裹展示，在为期两周的展期内，成功吸引了数以百万计的访客前来参观。尽管此项目当时耗资达到了15万马克，但它作为公共艺术杰作，为柏林带来了高达数十亿马克的经济回报。又如，在美国洛杉矶分布于各种建筑物墙面上的1500余幅公共壁画，成为该市的人文景观，于是旅行社便组织以城市壁画为主题的周末旅游活动，以壁画集中地段或以某种专题还划分了20余条游览路线。从每年接待的不计其数的游客来看，由此带来的直接经济效益是显而易见的[1]。

二、城市公共艺术的价值

（一）城市公共艺术是创新城市空间塑造和城市形象战略的重要路径

城市空间的塑造与形象战略的构建，不仅关乎城市的可识别性与美学价值，更是提升居民幸福感与吸引全球目光的关键所在。

作为生活的城市而言，城市应当是可感知、可记忆的意象体，正如凯文·林奇所强调的，城市的每一个角落都应蕴含鲜明的识别特征，还要有更高的美学形象，即通过公共艺术的实践实现城市空间的"绘图认知"功能。公共艺术作为这一愿景的实践者，通过艺术装置、城市家具、标识系统等元素的巧妙融合，不仅实现了空间的"认知绘图"，更赋予了城市空间深层次的美学内涵与文化底蕴。这些元素不仅优化了空间布局，使之更加清晰易读，还成为城市文化故事的讲述者，让每一处公共空间都成为历史与现代的对话场。公共艺术在塑造城市形象中扮演了多重角色。它不仅是城市设计主题的直接体现，如建筑风貌的和谐统一、色彩与灯光的精心搭配，更是城市功能系统与文化符号的完美结合。从实用性的公共设施到纯粹的艺术雕塑，公共艺术以其独特的语言，构建了一个集标识性、实用性与文化性于一体的综合体系，使城市空间成为城市历史文化信息的阅读系统、城市形象价值的展示系统，以及城市品牌战略的警句和格言的美学系统。

从整个国际城市的地理分布来看，每一个的目的地城市和地点城市是不同的。公共艺术的作用之一是从国际城市的不同文化特点和作为空间美学消费的终点这一角度思考和塑造空间美学城市。例如，西班牙的毕尔巴鄂原本是一个鲜为人知的小城，但自美国建筑师弗兰克·盖里设计的古根海姆博物馆落成后，它迅速成为20世纪最引人注目的城市之一。这座将活力与现代工业材料巧妙融合的建筑雕塑，让人们重新审视当代空间构成的梦想。公共艺术建设的实质意义在于，如何将我们对一个具有国际视野、最前沿的人类文明水平的城市的构想和期望，转化为一种标识、一种符号，甚至成为一座城市的"形象代言"。

（二）城市公共艺术是推进城市公共空间人性化和人文化的重要实践

在当前城市化的加速进程中，社会经济与城市功能的优化无疑占据了核心地位，成为

---

[1] 蔺宝钢：《城市公共艺术人才培养模式研究》，西北大学出版社，2014，第34页。

城市更新的关键驱动力。然而，与之形成鲜明对比的是，城市公共空间的人性化与人文化构建往往被边缘化，沦为追求政绩与资金支持的"形象工程"，其深层次的人文价值与社会效应被严重忽视，这已成为我国城市建设中亟待研究的重大议题。

人性化实践是指从生态环境、宜居城市、社区和街区的物质生活和精神生活的便捷性、可达性以及人文精神成长和心理健康生活的环境品质等方面思考和实践城市公共空间的建设。人文化实践是指城市公民精神成长和场所意义的促进与依存，进而推动人与人相互关爱和个性多样性成长的有机性和创新型社会建设，关注城市公共空间建设。前者是以人的身体的直接感受的物理基础为前提的关于环境品质和空间品质的基本原则的要求，后者是以人与人的精神健康、人与人的关爱和自由成长及宽容共存为基础的场所意义的建构。

二者既相互独立又紧密相连。一方面，文化环境的建设不可能与经济目标及基础建设相脱离。"企图把共同的经济目标同它们的文化环境分开，最终会以失败而告终。"❶另一方面，艺术与生活的深度融合，是赋予城市公共空间灵魂与温度的关键。"城市布局以及其他城市生活领域，我们需要艺术，需要用艺术的手法来使我们理解生活，看到生活的意义，阐述每个城市居民的生活本身和其周围生活的关系。也许我们尽了很大的力，其中一个原因就是艺术与生活的混淆。"❷

因此，我们倡导的人性化与人文化实践，实则是一种将物质建设与精神追求有机结合的城市发展模式。它要求我们在追求城市功能完善与经济效益提升的同时，不忘初心，坚守人文关怀的底线，让城市公共空间真正成为滋养人心、促进城市发展的沃土。在具体实施中，我们既要确保城市建筑与规划的实用性及可持续性，又要注重其文化内涵与人文价值的挖掘及展现，使二者相辅相成、相得益彰。

（三）城市公共艺术是展现城市民族文化和地域文脉的重要方式

随着近代科学技术催生下的现代建筑材料的大规模使用，全球城市风貌渐趋同化。城市空间创新变成了城市空间拷贝。民族特色和地域风貌在钢筋混凝土的疯狂成长中岌岌可危。

正所谓，民族的就是世界的，任何艺术种类的作品都应具有自己的地域风格和个性，

---

❶ 弗朗索瓦·佩鲁：《新发展观》，张宁、丰子义译，华夏出版社，1987，第165-166页。
❷ 简·雅各布斯：《美国大城市的死与生》，金衡山译，译林出版社，2005，第416页。

城市公共艺术的建设更应加大地域性文化的比重，应挖掘地域文化中深层次的、独具风格和价值的内容进行展示。城市公共艺术是一种特定的空间艺术，它在美化城市环境中起着画龙点睛的作用。因此，它不可能脱离当地城市的地域精神、文化、文脉的轨迹。它要求设计者精准捕捉不同城市的时代脉搏，以匠心独运的手法，凸显城市的个性魅力，创造出既体现地方特色，又与当地文化遗产、自然景观和谐共生的作品。这样的作品不仅具有高度的可视性，更能触动人心，引发公众的情感共鸣，成为城市文化的重要标志。

具体到实践中，以延安子长县入口主题雕塑《中国唢呐之乡》与《黄土文化名县》为例。设计团队立足于大陕北文化的广阔视野，将地域文化与历史传承作为设计的双翼，精心策划，巧妙融合。一组雕塑聚焦于唢呐演奏者的生动群像，他们以乐传情，生动再现了陕北高原上的唢呐文化，其音韵绕梁，仿佛能穿越时空，让人感受到那份淳朴而热烈的艺术魅力。另一组雕塑巧妙捕捉了子长县独特的社火文化场景，通过细腻的雕刻与生动的布局，展现了当地人民庆祝丰收、祈求平安的喜庆氛围，传递出浓厚的乡土情怀与地域自豪感。这两组雕塑不仅是对子长县人文风貌的艺术再现，也是对延安文化深刻内涵的形象化诠释，还让传统与现代和谐共生，共同书写属于这座城市的新篇章。

第二章
城市公共艺术设计的原理、过程与手段

城市公共艺术设计作为一门为城市居民生活和城市形象建设服务的学科，必须以一定的科学原理和方法为支撑，才能在现代城市设计中发挥作用，满足居民的生活需求，提升居民的生活品质。本章阐述城市公共艺术设计的理论依据与原则，分析设计的具体程序与步骤，并结合当下城市居民的需求，探索城市公共艺术设计的方法和手段。

第一节
城市公共艺术设计的理论依据与原则

城市公共艺术设计的理论依据涉及文化、艺术、社会、心理等众多领域，设计者必须以此为基础，遵循一定的设计原则，保证设计成果的科学性、合理性与人性化。

一、城市公共艺术设计的理论依据

（一）市民社会与公共领域理论

城市公共艺术设计的产生与发展都离不开特有的社会背景与文化语境。而作为市民社会一部分的公共领域，既是大众行使公民权利的空间，也是承载公共艺术的重要土壤。城市公共艺术设计以城市公共空间为依托，根据公共艺术专业理论的培养要求，市民社会与公共领域理论应作为公共艺术设计学科建构的重要理论基础之一。因为市民社会与公共领域理论将帮助设计者由表及里地对西方公共艺术产生更深刻的理解和判断，所以对开展我国本土化的城市公共艺术设计具有很高的借鉴价值和指导意义。

第一，日本著名社会学者植村邦彦撰写的《何谓"市民社会"：基本概念的变迁史》可以作为该理论的重要读本之一。该书以亚里士多德、洛克、卢梭、黑格尔、马克思等哲学家的思想为轨迹，对从市民社会的思想起源到现当代各国、各地区市民社会的现状这一全球性的演变过程展开翔实的阐述，是公共艺术专业研究市民社会的重要思想基础。

第二，哈贝马斯撰写的《公共领域的结构转型》被公认为该领域的经典之作，可作为研习的重点。作者以欧洲中世纪"市民社会"的独特发展历史为基础，从社会学、历史学和政治学的角度对"资产阶级公共领域"这一具有划时代意义的范畴加以探讨。该书阐述了自由主义模式的资产阶级公共领域的结构和功能，即资产阶级公共领域的发生、发展及在社会福利层面上的转型，为设计者理解西方国家的公共艺术的产生和发展提供了更深层的意识基础。

第三，杨仁忠的《公共领域论》将公共领域从市民社会语境中提取出来进行研究，并以古希腊、古罗马从中世纪、近代到现代的时间为线索，对公共领域的生成发展、理论特征、运行机制、宪政民主功能及"中国意义"等问题展开了详细的梳理和分析。书中考察了康德、阿伦特、哈贝马斯等人的公共思想与理论，对公共领域及其概念进行了界定，并在东西方不同语境下探讨了公共领域及其理论的时代价值。

第四，李佃来的《公共领域与生活世界：哈贝马斯市民社会理论研究》对哈贝马斯的"市民社会"概念进行了深化与分层，并将公共领域、市民社会生活世界、社会批判等课题做了系统论述。同时，作者还提出东西方市民社会话语的不同概念。研读这本著作更有利于设计者准确地找寻本土化公共艺术设计与创作的方向与定位。

（二）当代艺术理论

城市公共艺术设计是诞生于现代城市背景下的特殊设计门类，是当代设计艺术的一部分。当代艺术与公共艺术的概念定义都具有集合性的特征，如雕塑、绘画、装置、摄影、影像、广告、设计等，都可以作为当代艺术与公共艺术载体在公共空间呈现，两者都有向社会发声的创作意愿。当代艺术多在展馆内展出，是一种强调艺术家个体艺术观念的先锋艺术类型，公共艺术则多在城市户外空间呈现，是一种强调大众群体参与其中的共享艺术类型，但无论是在展馆还是城市户外空间出现，其承载的场地都具有不同程度的空间开放性。可以说，两者之间的边线界定有时并不那么清晰，甚至由于相互影响，两种艺术范畴逐渐显现出和谐共生、相互交叉、和而不同的关系。

近年来，随着多元文化和当代艺术的兴起发展，大众开始接触并尝试接受更多类型的公共艺术作品。一些公共艺术作品也呈现出形式独特、观念前卫的当代特色。很多时候，一件好的公共艺术作品，同样也是一件优秀的当代艺术作品，反之亦然。

正因为当代艺术与公共艺术之间的交叠关系，当代艺术现象与理论的建构对于公共艺术专业的学生显得尤为重要。若能在厘清当代艺术理论脉络的同时，全面地了解并掌握相关的创作思路、技法与形式语言，就能为创作出具有艺术性、思想性、引领性的当代公共艺术作品提供帮助。

1. 西方当代艺术理论

学习西方当代艺术理论应当以建构西方当代艺术发展的框架脉络为目标，将20世纪西方艺术发展史作为主要研究范畴，重点了解西方现当代艺术的生成、发展、成就及意义。最好以图文结合的方式梳理脉络，力求对各个时期的主要艺术流派、代表人物、创作风格、形式语言、社会影响有较为清晰的认知与准确的定位。

英国著名学者爱德华·路希·史密斯撰写的《二十世纪的视觉艺术》是了解西方当代艺术理论较好的选择。该书关注20世纪视觉艺术发展中的各种艺术门类、流派、风格的形成与演进，涵盖了建筑、雕塑、绘画、影像艺术、装置艺术、行为艺术、环境艺术等现当代最为主要的艺术形式。此外，作者将十年定为一个阶段进行分章讲述，并全面地将20世纪各个时段的艺术现象放置到整个时代背景中去分析，既考量了各艺术门类的传承与发展，又探讨了社会生活和时代变迁对艺术的影响。该著作主题明确、图文并茂，能清晰地为学生们梳理出一条20世纪视觉艺术的历史脉络，可作为西方当代艺术理论建构的基础书目。

美国著名学者简·罗伯森与克雷格·迈克丹尼尔撰写的《当代艺术的主题：1980年以后的视觉艺术》可以作为《二十世纪的视觉艺术》的衔接补充。该书阐述了1980—2008年近30年的当代视觉艺术发展历程，并以该阶段极具代表性的当代艺术家与作品为例，重点分析了身份、身体、时间、场所、语言、科学与精神性等重要问题，具有重点突出、时效性强的特点。

厘清了现当代艺术发展的脉络，补充相应的艺术批评理论也十分重要。艺术批评理论不同于发展史，它常以专题的方式对某一艺术现象或艺术问题进行归集研究，有针对性地研读，定会对当代艺术形成有更加深刻而透彻的理解。

2. 中国当代艺术理论

近年来，中国本土当代艺术家的创作越来越多地进入城市中更加开放的公共空间，艺术家将自身对社会的思考与关注转化为先锋性的作品，以实验性的方式向民众和社会发声，当代艺术与公共艺术之间也出现了更多的交集。我国城市公共艺术设计不能照搬西方的理论，要想在城市公共艺术设计中体现出中华民族特色，设计者必须掌握中国的当代艺术理论。因此，研究本土当代艺术的发展历程与面貌，将当代艺术创作的理念与公共艺术创作进行有效的结合，对本土化城市公共艺术设计与创作有着重要的指导意义。

鲁虹教授撰写的《中国当代艺术30年（1978—2008）》可以看作该阶段理论的重要基础之一。首先，作者通过梳理大量的中国当代艺术作品，以图文并茂的方式讲述了截至2008年改革开放三十年来本土当代艺术的发展历程。其次，作者对20世纪50—80年代间不同年代出生的艺术家及其作品，以及艺术创作上的特征与差别展开思考分析，并对年轻一代的艺术家创作出具有文化性、民族性、本土性、时代性的艺术作品提出了殷切期盼。该书不仅是一本介绍和展示中国当代艺术的著作，还通过现象分析，为设计者提供了一种艺术思考方法与创作方向上的指引。

（三）大众文化理论

大众文化是指一个地区、国家、团体中随着历史延伸下来或新近涌现的，被大众所信奉、接受的文化。[1] 如今的大众文化是在某一特定范畴下所探讨的，兴起于当代都市，与城市工业化进程、城市建设、市民生活、地域文脉、民俗历史、商业消费等领域密切关联的，由普通大众的行为、认知的方式及态度的惯性等呈现的文化形态。

对于从事公共艺术设计与研究的人来说，若能从大众文化的本体内涵、传播形式、社会效应、精神诉求与受众心理等方面获取足够的专业知识，可以对公共艺术设计如何与社会、城市、受众进行精准地对接提供帮助。根据公共艺术设计专业的理论培养要求，城市公共艺术设计的大众文化理论基础可以从大众文化本体理论、大众文化媒介与传播理论、受众分析理论这几个方面来建构。

1. 大众文化本体理论

大众文化本体理论是从宏观的角度研究大众文化的概念、历史、发展、现象和社会意义的理论。

首先，英国知名媒介与文化研究专家约翰·斯道雷撰写的《文化理论与大众文化导论》可作为学习大众文化本体理论知识体系的重要导读书目，这本书是该领域公认的最为权威的综述性著作之一。该书对这一学科的历史传统及当下的发展现状作了深入细致的分析，全面介绍了大众文化、文化与文明、性别与民族、结构主义、后现代主义等重要概念与社会思潮，有助于设计者建立对相关文化理论的认知。

其次，复旦大学陆扬教授撰写的《大众文化理论》一书介绍了西方大众文化的历史由来，着力分析了大众文化在中国本土的传播接受与模式变迁，对于如何将大众文化应用于本土公共艺术设计与创作具有一定的参考意义。

2. 大众文化媒介与传播理论

大众文化媒介在如今城市居民的生活中扮演着不可或缺的角色，城市公共艺术设计师应当全面了解大众文化的媒介类型与传播方式，进一步学习大众文化传播学的相关知识，才能充分地运用好大众文化传播的各种媒介，创作出具有广泛社会影响力的公共艺术作品。

---

[1] 吴卫光：《公共艺术设计》，上海人民美术出版社，2017，第28页。

首先，约翰·维维安撰写的《大众传播媒介》一书全面介绍了图书、报纸、唱片、广播、电影、网络、新闻、广告等多种大众传媒形式，并对它们的功能、特点、运用、管理、社会伦理、传播效应做了深刻的剖析。有利于学生系统地了解和梳理文化媒介、文化传播与社会之间的关系，为丰富公共艺术设计与创作的形式提供更多的可能。

其次，李岩先生撰写的《传播与文化》一书解析了当代全球化、跨文化的现象，以及大众文化传播的当代意义。它将为学生们在设计与创作中，如何通过更好地融入大众文化进而拓展艺术的传播效应提供更宏观的思考模式。

3. 受众分析理论

公共艺术作为一种当代艺术的方式，它的观念和方法首先是社会学的，其次才是艺术学的。因此，公共艺术的创作者应学会换位思考，站在大众的视角创作出大众所喜爱的艺术作品。因此，研究与分析受众的心理与需求，将有利于公共艺术创作的概念输出，建立起与大众之间的精神链接。

丹尼斯·麦奎尔撰写的《受众分析》是西方传播研究界公认的全面探讨和总结受众问题的著作之一。作者在书中阐释了受众的主要类型、传播者的责任、传播者与受众的相互关系等，提出了"从受众出发"与"从媒介出发"的重要观点。书中关于"受众概念的未来"的理论具有前瞻性，对新媒介、跨国媒介、互动新技术的发展与新受众的关系提出思考，为新时代的公共艺术设计指明了方向。

（四）空间设计理论

西方当代公共艺术是在现代城市的背景下发展起来的，作为公共艺术载体的城市公共空间，受城市历史、文化、政治、经济等多种因素的制约和影响，呈现出复杂而多样的特征。公共艺术介入城市公共空间的方式体现其具有"公共性"特征的社会价值与艺术价值。因此，空间设计理论和实践是进行城市公共艺术设计的重要依据与参考，将其纳入城市公共艺术设计的理论体系，有利于拓展公共艺术设计的深度与广度。作为城市公共艺术设计理论基础的空间设计理论主要包括空间构成基础理论、城市设计基础理论、行为研究基础理论三个方面。

1. 空间构成基础理论

空间构成基础理论是空间设计学科最基础的理论体系，从包豪斯的设计基础教学到日本的三大构成体系，以及现代综合媒介的构成学研究，空间构成已经形成了完整的理论建构。公共艺术专业的空间基础理论学习须借鉴现有的空间构成理论体系，美国著名建筑学家程大锦所著的《建筑：形式、空间和秩序》可以作为构建空间构成基础理论的阅读书目，设计者根据这本著作的主要思想与理论，结合公共艺术的专业特点，能够完善空间的基本特征、空间的构成要素、空间的形式与组合、空间的秩序原理、空间的体验与感知等知识点的教学与训练，从而初步建立空间观念与意识，认识空间与公共艺术的关系，进而延伸到对空间造型、材料、色彩、质感的认知与探讨，拓展公共艺术设计与创作的思维和方法。

2. 城市设计基础理论

城市空间作为公共艺术的载体，承载着公共艺术的存在价值和文化意义，公共艺术设计介入城市空间中，必须与城市的空间规划相协调，这样才能建立艺术与社会公众的联系，促进社会关系的建构。因此，城市公共艺术设计离不开对城市空间的研究。西方在近百年的城市设计实践过程中，不同时间、不同地域的相关理论与思想纷乱繁杂，目前对于城市公共艺术设计而言，以下几种理论有一定的借鉴与探讨意义。

首先，以美国城市理论学家刘易斯·芒福德所著的《城市发展史：起源、演变和前景》为代表的关于城市历史和发展的理论是城市公共艺术设计的理论基础。作者在书中详尽论述了城市诞生在各个历史时期的形式与功能，并从宗教、政治经济、文化方面展现了城市社会的发展过程，并用艺术和哲学的视角与笔触去解析人类社会，提出城市是人类生存和发展的重要介质。城市不仅是人们居住、生活、工作及购物的场所，更是承载文化的容器，是孕育新文明的摇篮。书中的一些观点和论述与当代公共艺术的价值取向具有惊人的相似性，是公共艺术专业研究城市文化的重要思想基础。

其次，美国城市规划学者凯文·林奇所著的《城市意象》和日本著名建筑师芦原义信所著《街道的美学》《外部空间设计》代表了关于城市公共空间设计的思想理论和方法。凯文·林奇的城市意象理论认为，人们对城市的认识及城市形成的意象是通过对城市环境的观察实现的。城市中的各种标识成为人们辨识城市的符号，人们通过对这些符号的观察形成感知，进而逐渐了解城市。他在著作《城市意象》中提出了一个核心概念，即城市环境的"可读性"与"可意象性"，主张城市空间应为人们营造一种具有特征的记忆。因为频繁进行城市改建往往消除了历史进程中形成的可识别特征，尽管不断地进行修饰，试图展现其华丽，但在外观上，它们常常缺乏独有的特征。此外，作者通过对道路、边界、区域、节点、标志物这五个城市环境元素的分析，解释了城市元素对市民心理的重要影响。书中强调的这些元素往往以雕塑或景观构筑物等公共艺术作品的方式呈现，这正是城市公共艺术设计的研究范围。芦原义信的两本著作则探讨了城市街道的尺度和相关美学法则，城空间的体验与感知，以及城市积极空间和消极空间等城市空间的属性问题，这些理论与思想都是公共艺术设计介入城市空间所要把握和遵循的基本原则。

3. 行为研究基础理论

目前，在公共艺术的研究和创作实践中，在关注公共艺术家及其作品的艺术和社会价值时，学者往往忽略了对"公众"行为的研究，也缺少对公共艺术作品介入城市空间后的质量评价。但城市居民作为城市的主体，是城市公共艺术设计的服务对象，公共艺术设计要发挥作用，就必须关注城市居民的需求和行为。因此，城市公共空间质量与人的交往行为的研究理论与思想是公共艺术专业可借鉴的重要理论基础。丹麦著名城市设计专家扬·盖尔在其所著的《交往与空间》一书中，聚焦于人类及其活动对物质环境的需求，以此为视角，对城市公共空间品质进行探讨与评估。在从住宅至城市各个空间层次的分析中，详尽地探讨了公众在公共空间进行散步、短暂休息、停留及游戏等行为的特征，并深入剖析了促进社会交往的空间类型与设计策略。而公共艺术的核心价值是通过公众参与和互动，增加社会不同人群之间的交往，进而促成社会公共生活的产生。因此，《交往与空间》一书的理论和对公共空间的质量评价方法也是公共艺术创作的重要的方法论基础。

（五）心理学理论

1. 气泡理论

私密感和领域感是人的基本心理需求，在公共空间中也不例外。心理学家萨默指出，每个人周围都存在一个看不见的空间区域，这个区域会随着个体的移动而移动。任何对这个空间的干扰都可能引发焦虑。为了测量个人空间的范围，心理学家进行了一系列实验，结果表明，这个空间像一个以人体为中心的"气泡"。该气泡的形状为前大后小，两侧最细。当此空间受到侵犯时，个体会立即触发本能的保护机制，具体表现为面部表情、手势的变换，以及身体姿态的调整等。❶

美国人类学家霍尔据此提出了四种人际距离。

（1）亲密距离

人与人之间距离在0~15厘米时，就处于接近的密切距离。是爱抚、格斗、耳语、安慰、保护而保持的距离。感觉和放射热最为敏锐。

---

❶ 杨璐：《基于多元视角的公共空间设计研究》，光明日报出版社，2021，第25页。

人与人的距离在15~45厘米，称为远方的密切距离，是握手或接触对方的距离。密切距离一般出现在有特定关系的人之间。

（2）个体距离

人与人的距离为45~75厘米时，处于接近的个体距离。是可以用手足向他人挑衅的距离。

人与人的距离为75~120厘米时，处于远方的个体距离。是可以亲切交谈，清楚地看对方细小表情的距离。个体距离适于关系亲密的亲友。

（3）社交距离

人与人的距离在1.2~2.1米时，处于接近的社交距离。可不进行个人动作，属一般社会交往距离。

人与人的距离为2.1~3.6米时，处于远方的社交距离。这一距离内的人们常常相互隔离、遮挡。

（4）公众距离

人与人的距离为3.6~7.5米时，处于接近的公众距离。这个距离可以逃跑或防范。

人与人的距离大于7.5米时，处于远方的公众距离。大部分的公共活动都在这个距离范围。

气泡理论及相关的人际距离为设计师的空间组织和空间划分提供了心理学依据。城市公共艺术设计可根据人的心理距离和实际距离的关系、个人空间和他人空间的交叉、空间的开放感和封闭感等，恰当地通过公共艺术作品组织空间，并可结合装修、色彩、光线等手法获得良好的空间氛围。

例如，一个设计合理的大型百货商场，如果内部柱子过多，且货架和商品的布局超出了顾客的舒适感知范围，再加上喧闹和拥挤的环境，会让人感到压抑和不适，必然无法满足人们舒适购物的心理需求。环境对人有着深刻的影响，而人具有主观能动性。设计师可以通过深入研究人的心理、行为，以及它们与环境的互动，设计出满足人们行为需求的环境。这样的设计能够确保人与环境形成一个动态平衡的互动系统，防止人们在环境中感到消极或被动。

2. 安全心理

（1）私密性与尽端趋向

私密性包括在特定空间内对视线和声音的隔离需求，尤其在居住空间中的私密性要求更为显著。例如，在集体宿舍中，先到的人倾向于选择位于房间最里面的床位；在餐厅就餐时，人们通常不喜欢选择靠近门口或人流量大的地方；餐厅中靠墙的卡座设计，创造了更多的"尽端"空间，满足了个别顾客在就餐时倾向于选择较为隐蔽位置的心理需求。

（2）依托的安全感

从心理感受的角度来看，人们在大型公共空间中往往寻求某种"支撑"。例如，在火车站和地铁站的候车区或站台上，人们通常倾向于靠近柱子站立。设计师在设计大型空间中的公共艺术作品时，可以根据公众的这一心理，使作品给公众带来心理上的安全感。

（3）从众与趋光心理

紧急情况下，人们常常会不自觉地跟随快速移动的领头者，有时甚至不考虑其是否指向安全的疏散出口，这种现象体现了从众心理。在室内空间中，人们地下意识会向较亮区域移动，而在紧急情况下，口头的指挥往往是最有效的。因此，设计公共室内环境时，设计师应先关注空间布局和照明的导向性。虽然标志和文字指引也很重要，但从紧急情况下人们的心理和行为反应来看，空间、照明和声音的导向设计更重要。

（4）左向通行和转弯习性

在人群密集的室内或广场环境中，人们往往会下意识地选择靠左行走。这种现象可能与人类倾向于使用右手进行保护性动作有关。研究也表明，人们在进行左转弯时花费的时间一般少于右转弯。

（5）抄近路习性

为了到达预定的目的地，人们总是趋向于选择最短的路径。为了丰富居民或游客在城市空间中的观赏体验，设计师可以利用作品将连贯的空间隔开，消除原本最短的直线路径。

（6）识途性

人们在进入某一空间场所后，如果没有明确的方向指引，往往习惯原路返回。因此，某些场所（如公园、公共展馆等）的公共艺术作品可以兼顾标识作用。

（7）聚集效应

在探讨人群密度与步行速率之间的关系时，经过深入分析，我们发现了一个显著的现象：当人群密度攀升至每米超过1.2人时，步行速度会明显放缓。此外，空间内人群密度的非均匀分布也是导致人群流动受阻，甚至出现停滞的关键因素。如果这种停滞状态持续较长时间，人群最终将趋于聚集。因此，在设计大型公共艺术作品时，设计师应当考虑作品对周围空间面积的影响，避免带来通行方面的障碍。

二、城市公共艺术设计的原则

（一）适应性原则

城市公共艺术设计的适应性原则是指公共艺术作品必须与其所处的具体环境相适应。

对于城市公共艺术设计而言，艺术作品能够与周边的环境融为一体是最重要的，因此，适应性原则是城市公共艺术设计的首要原则，这要求公共艺术不仅要与周围的空间环境相协调，更要利用环境的优势，捕捉并体现不同环境的历史和文化特质。通过艺术的介入，增强并突出环境的个性。

公共艺术作品的创作必须考虑不同环境的特定需求，无论是公园草地、社区庭院、学校校园、城市广场、商业中心，还是交通空间，都需要根据各自环境的特点和需求来设计作品。例如，在校园环境中，公共艺术的设计更倾向于构建一个反映学术性、研究性、探索性和科学性等精神追求的空间，特别是对于那些拥有悠久历史的大学，公共艺术作品不仅是学校精神的体现，也是公众记忆的象征，经典的校园公共艺术作品不只是属于校园本身的历史财富，也是面向公众的文化符号。

（二）形式美原则

公共艺术的创作必须迎合大众的审美偏好，遵循美学原则是设计城市公共艺术的根本。视觉美感的捕捉，并非艺术家与设计师仅凭主观感受所能达成的，而是需要他们深刻把握并巧妙运用一系列基础性的形式美学法则。这些法则，是人类在探寻美的历程中，对形式规律的深入探索与精炼总结，是对美的形式认知的条理化与理论化。主要包括对称与均衡、节奏与韵律、对比与调和、变化与统一、层次与质感等。

对称与均衡是创作构图的基础，主要作用是使作品具有视觉上的稳定性。稳定性是人类在长期观察自然中形成的一种视觉习惯和审美观念。在公共艺术创作中，对称性和平衡性各自创造了独特的视觉感受，对称性带来庄严和宁静，赋予作品一种统一性和规律性，但过度的对称可能会显得单调；而平衡性则显得生动和有活力，带来一种动感，但过度变化又可能导致不稳定。因此，在设计中，要巧妙地融合对称和平衡两种形式，灵活运用以达到最佳视觉效果。

对比强调的是差异性，调和强调的是近似性，两者相辅相成。对比源于性质的相同或有差异，通过相对元素的对比，产生如大小、明暗、强弱等差异感。其核心在于突出主次关系和变化中的统一。调和则是寻求和谐，使不同元素之间达到共性，令人感到适宜、舒适和统一。

节奏与韵律源自音乐领域，其中节奏是通过有序的重复排列，创造出一种动态的形式。在公共艺术中，节奏通过线条、色彩、体积和方向等元素的有序变化，激发人们的心理反应，这可以是等距的连续排列，也可以是渐变、大小、明暗、长短、形状、高低等的有序组合。而韵律则是节奏的变化形式，通过个性化的变化带来丰富性和趣味性，从而增强作品的表现力和感染力。

上述几点只是形式美原则中经典的、公认的原则，城市公共艺术设计要符合形式美原则，但必须灵活运用这些规则和要素，否则容易使作品显得呆板。

（三）安全性原则

注重作品的安全性是公共艺术和景观构筑物设计最基本的原则之一，它包括对构筑物承载力、材质性能和质量、防水、防滑、防火、防触电、防光污染等方面的关注与考虑，甚至还包括对其可能存在的潜在危险的考虑，如设置在城市街道区域的公共艺术作品是否有影响公共交通与行人通行的隐患，在道路转角处是否会因遮挡行驶车辆视线而造成交通事故，等等。由于所处的场所不同，不同类型的构筑物和公共艺术设计在安全性上的要求是不同的。因此，设计者不仅需要有高度的安全设计的意识，还需要仔细查阅相关设计标准及规范，并以此作为设计的重要依据。

（四）原创性原则

原创性是指作品的首创性，在内容和形式上都具有独特的个性，作者能够"发前人所未发，想前人所未想"。但原创性并不代表提倡毫无理由和基础的异想天开，在艺术和设计领域中寻找新的方向与在科学领域寻求突破一样，也是鼓励使用"站在巨人肩膀上"的学习和工作方式，理解和吸收前人留下的宝贵知识和经验，这能够让设计者看得更高、更远。因此，深入研读和广泛涉猎国内外杰出作品，对创作与设计领域而言，大有裨益。基于这一理解，原创性可视为艺术家及设计师不懈追求自我突破与完善的持续过程。

目前，城市公共艺术和景观小品的创作关键在于展现城市的文化特色和设计师艺术风格的独特性，应避免"千篇一律""千城一面"的景观现象。一件作品的创造过程也是作者对城市文化内涵不断挖掘、提炼、整合、升华的过程，不仅反映一个地区的文化历史、社会生活、自然环境等方面的特点，也反映了艺术家和设计师的个性特点。

原创性并没有与作品的可复制性对立起来，其重点在于设计者要在作品中有自己独特的构思和表达，且要将其与城市的文化特征结合起来。正相反，凭借合规的复制与赠予举措，使艺术家与设计师的声望得到了显著的加强，同时，这些举措也赋予了作品更为深厚的价值意蕴。

（五）环保性原则

城市公共艺术设计的根本目的在于美化城市的环境与形象，促进城市更好地发展。因此，城市公共艺术设计必须遵循环保性原则，不能因过度强调城市的美观而破坏周围的生态环境。人类对环境的破坏往往会为其自身带来危机，保护环境已成为关系人类未来命运的当务之急。艺术作品体现环保的主题对城市和人类发展而言是相当重要的。环保性原则的要求是设计师站在更长远的角度看待作品的创作与设计。公共艺术和景观构筑物在创作和建设过程中自身所表达的对环境保护的关注，同样也是这个范畴中的一项重要内容。公共艺术作品的设计与建设应基于绿色设计和可持续发展理念。绿色设计即在作品整个生命周期内，着重考虑作品的环境属性（可拆卸性、可回收性、可维护性、可重复利用性等）并将其作为设计目标，在满足环境要求的同时，保证产品应有的功能、使用寿命、质量等要求。

（六）文化传承与批判原则

客观而言，公共艺术设计是现代城市生活方式和文化特色的直接体现，它展现了城市生活的理想追求和活力，以及城市文化的独特风貌。城市文化是从城市内部发展出的一种文化表现形式。

文化是人类超越其自然属性和状态后，在社会演化过程中积累的知识与共识，形成了一套共同遵守的行为规范和价值观念。具有鲜明的综合性和复杂性。文化包括一个地区或民族在长期发展中形成的全面知识体系，这涉及族群的信仰、社会习俗、宗教信仰、艺术文化、法律制度、社会伦理和禁忌，以及对物质世界和生产技术的理解。也涵盖了人们在社会活动中积累的经验、能力及传统习惯，是人类物质和精神文明成果的综合体现。

公共艺术设计属于广义文化概念的一部分，并构成了人类文化体系中不可或缺的一环。它的公共性质和城市文化特征意味着它不可避免地会受到特定社会文化和固定思维模式的影响。一座城市在长期发展中铸就了其独有的文化特征，形成了城市的性格，派生出一系列城市印象及记忆。城市公共艺术设计应与它们所在城市的性格及精神相符，这样才不会出现"千城一面"的。城市的多样性本质在逻辑架构上奠定了城市公共艺术需展现独特性的基石，此独特性紧密且连贯地与城市的个性特征相互关联。城市的发展是显性的，城市的文脉是隐性的。[1]因此，城市公共艺术设计实际上也是在创造城市文化。

城市文化是随着城市社会经济的发展而不断变化的，可能与城市的发展水平相符，也可能领先或落后于城市的经济社会发展水平。设计师要看到城市公共艺术设计在文化传承和发展中的作用，在设计的过程中有所发扬，继承优秀的文化，对落后、过时的文化进行批判性的改造。

---

[1] 周恒、赖文波：《城市公共艺术》，重庆大学出版社，2016，第68页。

（七）可持续发展原则

"可持续"一词最初源于自然生态保护学说。联合国环境与发展委员会于1987年发表了《我们共同的未来》，文中全面地阐述了可持续发展的理念，而后可持续发展作为注重长远发展的一种模式被人们广泛熟知。之后更在社会、环境、科技、经济、政治等诸多方面被冠以不同角度和层面上的定义。可持续发展是经济、社会及环境三者协调共进的目标。在经济与环境的层面，它着重于推行一种环境友好的经济增长模式，旨在最大限度地减少对非可再生资源的依赖，并确保所有发展举措均在生态系统承载力的范围内进行。在社会与环境的层面，则试图让不同国家、地区和社会群体都能获得公平的发展机遇。

随着城市化发展进程的加快和人们对居住环境的重视，可持续发展的理念在环境艺术领域中得以运用和普及，直至今日已经成为该行业里的流行术语。可持续发展意指既满足当代人的需求，又不损害后代人满足其需求能力的发展。还可理解为能够把某种模式或状态在时间上延续下去，也有自给自足、自我维系的意思。

可持续设计作为一种设计理念和方法手段，是每一个公共艺术设计者应严谨考究的。可持续设计意在创造以自给自足的方式、使用最小的能源消耗和维护、能够持久下去的公共艺术作品或景观环境。景观公共艺术的可持续发展原则针对的并不仅仅是公共艺术本身，更多是指公共艺术所带动起来的地域文化和人文文化的可持续发展。这种可持续发展是在环境优先的大前提下展开的。

（八）以人为本的原则

从远古时代到现代，从茹毛饮血的原始社会到科技发达的后工业时代，人们生活环境的功能越来越复杂，同时其技术也更加精巧。对于环境而言，其样式越来越多，有很多新的公共艺术类型相继出现，如各有特征的人文景观、公共设施、广场的雕塑、室外的壁画、有趣的环境小品等，它们在现代生活中一直扮演着重要的角色，在人们心中留下深刻的印象。公共艺术设计不仅可以方便人们的行动，同时也是一种可以进行参照的重要系统，这就导致人们对于与环境进行联系的想象和事实是可以表述的。

公共艺术设计是对人和环境之间所具有的关系进行重要的探讨，对人们的生理需求、心理需求和行为方式等进行一定的设计，旨在创造既美观又实用的公共空间，提升人们的生活质量。通过考虑不同人群的需求，包括儿童、老年人、残障人士等，设计应确保所有人都能平等地享受公共艺术带来的益处。同时，公共艺术设计还应尊重和反映当地文化和历史，增强社区认同感和归属感。

第二节
城市公共艺术设计的程序与步骤

城市公共艺术设计作为一项复杂的工作，有着清晰、严格的程序。设计师要按照一定的步骤，对城市文化进行挖掘、对周边环境进行了解，逐步完善作品的规划设计。

一、城市公共艺术设计的准备工作

城市公共艺术设计的准备工作是设计的前期规划阶段，主要包括环境调查、资料分析、民意考察三个步骤。

（一）环境调查

环境调查是对方案所在场地进行细致深入的了解，从中总结归纳出环境的特征和存在的问题。环境调查是公共艺术设计之初的重要环节，也是帮助设计师解决场地所存在的问题的重要工作之一，调查的内容包括方案场地的物理环境和人文环境。

1. 物理环境

在对物理环境的调查上，可收集与方案场地有关的技术资料，进行实地查看、测量工作。有些技术资料可从有关部门查询，如方案场地所在地区的气象资料、方案场地地形及现状图、城市规划资料等。对查询不到，但又是设计所必需的资料，可通过实地调查、勘测得到，如方案场地及环境的视觉质量、方案场地小气候条件等。若现有资料精度不够且不完整，或与现状有出入，则应重新勘察或补测。方案场地物理环境现状调查的内容有以下几点：第一，方案场地地形、水体、土壤、植被条件；第二，当地的气象资料、日照条件、温度、风、降雨、小气候；第三，人工设施建筑及构筑物、道路和广场、各种管线；第四，方案场地现有景观、环境景观、视阈景观；第五，方案场地范围及环境因子物质环境、知觉环境、小气候、城市规划法规。

2. 人文环境

人文环境是指由社会习俗、文化、风尚等构成的无形的环境，如方案场地的历史背景、文化底蕴、生活习俗、民风民情等。设计师可与委托方及当地民众进行广泛、充分的沟通交流，听取各方要求和建议，这是一个增进公众与设计师、公众与项目策划者相互理解的过程。每一个设计方案都是在协调多方建议的基础上完成的，更多的沟通交流对资料收集大有裨益。可从场域历史文化背景、地貌特征、区域远景规划等方面收集相关设计元素，但需要注意的是，资料收集的范围取决于实施项目的特性、规模大小及完工时间。

有时，收集的资料数量巨大，具有很高的研究价值，最终在项目的实际操作中却没有起到实质性的作用。从调研到资料收集，这一过程主要是为了协助设计者发现有待解决的问题，并提出相对合理的、具体可行的解决方法。调研方向不可能面面俱到，资料收集也要有所指向，要根据具体条件和要求进行资料收集工作。最重要的应根据设计目标分清调查主次，主要的应深入、详尽地调查，次要的可简要地了解。

（二）资料分析

在呈现环境调查结果之际，推荐使用图表或图形化方式进行表达，并附上详尽的文字阐述，以确保信息的清晰与明确性。资料的呈现应直观、详尽且引人注目，以便为设计工作的顺利进行提供有力支持。在方案场地调查和分析过程中，带有地形标注的现状图是一项不可或缺的基础资料，通常被称为"底图"。在底图上应表示出比例、朝向、各级道路网、现有主要建筑物及设施、等高线、植被、基地用地范围等。该阶段的思维特征以理性为主，常常以记录性为目的将各种内容进行收集与整理。

资料分析工作建立在详尽无遗的客观调研基础之上，对方案场地及其邻近环境的各类要素展开深入透彻且全面的剖析与评估，旨在全面挖掘并展现方案场地所蕴含的潜在价值与能力。方案场地分析在整个设计过程中占有很重要的地位，深入细致地进行基地分析与评价有助于作品设计的完善性，而且在分析过程中不免也会产生一些对设计有利的新构想，使设计和创作的深度产生新的可能。方案场地分析包括地形分析、空间分析、竖向分析、植被分析、环境关联分析（历史背景、文化底蕴、生活习俗、民风民情），以及土壤分析、日照分析、小气候分析等。

（三）民意考察

让公众参与公共艺术设计主要是为了收集他们的意愿和意见，以此提高公众对设计的认同感，并培育公民对决策过程的归属感，这有助于提高规划成功实施的概率。关于公共艺术设计的接受度，规划管理者首先需要考虑公众对艺术规划是否接受，这对规划的顺利执行至关重要；其次，如果答案是肯定的，管理者是否有充分理由相信公民会接受他们的决策。这两个问题的答案如果都是肯定的，就可以减少或消除公众参与的必要性。

当决策问题侧重于质量标准时，可能倾向于选择参与度较低的方法；而当决策问题更关注公众对政策的接受度时，则应选择参与度较高的途径。实际上，在城市公共艺术建设项目中，经常需要广泛的公民参与，但在更多情况下，公民的参与度往往是被排除在外、忽略不计的。

规划团队需要利用好公共决策途径，协调处理好公众选择参与公共艺术规划时的各种问题。设计师应预判公众对决策目标的态度，以确定合适的公众参与方式。如果大多数群众对政府的规划无异议，且接受程度不会严重影响政策质量，规划者就可以采用公共决策途径，使尽可能多的公众参与进来。但这并不意味着管理者放弃所有权力，而是要安排公众参与到流程中，在确保规划质量方面发挥关键作用，并为问题框架提供解释。

二、城市公共艺术作品的初步设计

城市公共艺术作品的初步设计是要根据准备阶段获得的材料和分析结果，构思公共艺术作品的主题和整体方案。

（一）主题概念

主题概念是公共艺术作品的源泉和灵魂，是根据对公共艺术项目的场域特征、文化脉络、社会状况、公众审美与心理等内涵的探究、总结和提炼而形成的概括性、抽象性表述，它指导和限定了公共艺术设计的表达内容和价值取向，具有提纲的作用与意义，是公共艺术策划、设计与创作过程中最为重要的环节。

一个优秀主题概念的提出是公共艺术策划设计与创作成功与否的关键，这就要求设计策划人员不但应在项目自身范畴内进行信息分析、归纳和总结，还需要把它放置在更大的时空关系中寻找、发现和提炼主题概念。

（二）设计定位

设计定位就是设计师把所要表现的对象设置在一个特定范围内，以此对作品的设置地点、规模、主题、形式、设计理念加以初步设定。设计方案的定位同样取决于所要实施项目的特性、规模大小及预期完成时间，根据项目具体状况切实地进行设计定位，将有利于设计师有效、规范地进行后期工作的调控，这在设计之初十分重要和关键。在初步设计阶段，正确的设计定位也有助于设计概念的形成，定位过程也是设计者将所得资料和设计思路进行组织，从而推导出设计创意和理念的过程。此阶段要求设计者对设计方案深思熟虑

的同时，还要充分发挥主观能动性和创造性。设计定位要遵循以下几个原则。❶

1. 适应性

城市公共艺术设计是依赖环境而存在的审美形态，必然要在诸多方面与整体环境相适应。具体地讲，要与景观环境使用功能相适应，要与建筑及景观环境风格相适应，要与地域文化、意识形态相适应，也要与区域的历史、文化和地理文脉相吻合，使其真正成为具有地域特征的公共艺术。因此，设计师在进行设计定位时必须从实际环境出发。

2. 注重形式

艺术创作往往是内容决定形式，形式为内容服务。然而，在现代艺术设计中，形式也是内容的一部分，城市公共艺术设计也要注重作品的形式，努力让作品与景观环境在功能、形态、尺度等方面相适应，并追求唯美的造型。

3. 强调共性

城市公共艺术是大众的艺术，所以推崇雅俗共赏的大众艺术。公共艺术在形式题材内容上要考虑公众的喜好，满足公众的精神文化需求，力求使公众在通俗有趣、生活化的审美环境里感受公共艺术的魅力。因此，极端个性化或属于艺术探讨性的作品，从严格意义上讲是不属于公共艺术，这也是公共艺术设计的大忌。

（三）整体规划

对整个项目进行整体规划，提出哪些位置适合什么样的公共艺术，公共艺术的数量、规模、内涵等信息，对提炼出来的主题思想进行形象化，对作品的位置、尺寸、颜色、材料、氛围等有初步的表现，用草图、展板、演示文稿等方式的演示，同时包括成本估算等信息汇报。同时在一个方案内再设计几个类似的方案以供参考，确保设计的成功率。

三、城市公共艺术设计的扩充阶段

设计方案的扩充与完善是构思阶段里极为重要的部分，它是初步设计的延伸。在此阶

---

❶ 林海：《城市景观中的公共艺术设计研究》，中国大地出版社，2019，第116页。

段，方案的构思从总体到局部，再回到总体，在反复推敲中不断地完善和成形，既有对总体想法的比较，也有对次级问题的再探索。总之，构思阶段的工作实质上是不断发现问题、分析问题、综合问题与解决问题的尝试和探索过程。

在这个阶段，设计师需要对方案进行全局的掌控，完成方案手稿和模型制作，以确保每一个细小的环节都能够在整体框架中有序地进行。城市公共艺术设计实际上是一个不断思考和表达的过程，使设计成为眼、脑、手协调工作的整体过程。如何"观察、思考"，再到"表现、创新"，这些步骤是设计者在该阶段需要认真完成的，观察、思考、表现、创新看似是四种不同性质的活动，其实是相互关联、相互作用的整体活动。与此同时，观察、思考、表现、创新又是四种能力。对公共艺术设计来说，对综合造型能力的培养尤为重要。四种能力能否正确运用直接决定了方案的成功。在日常实践中，这四种活动和能力的本质意义往往被设计者忽视或曲解，导致在起初和深入阶段里出现思维逻辑上的错误，影响工作的进行。

所谓逻辑是依据已知条件进行合理推断的规则，它兼具客观性、合理性与规律性。逻辑错误往往发生在思维过程违背客观规律、缺少内在逻辑联系时。城市公共艺术设计是一个从感知到认知的转变过程。感知是为了通过感官实现认知，而认知则意味着有意识、有目的地了解事物，从而达到进一步的理解。思维逻辑出错意味着从已知条件推导合理结论的过程中出现了问题，这也可以被理解为思考过程中的规律性或方法论存在缺陷。

在方案扩充与深化的阶段，设计师要与委托方积极沟通，向其确定方案方向或对已经确定的设计方案进行深化设计，以形成可施工的方案，如果是多件或多组作品的设计，则要考虑各个作品位置的规划布局，确定各个区域的场地功能与作品主题的关系。除了要考虑作品的形态，设计师还要考虑作品内部的结构问题，尽管公共艺术没有类似建筑设计的施工结构图的行业标准，但对于基础承重、内部受力、外部抗压、抗风、防潮湿等也是需要充分考虑到的。设计师对设计方案的最终呈现可以通过以下五种方式进行。

（一）手绘效果图

设计师可以利用水彩、水粉、丙烯、彩色铅笔、马克笔等工具进行手绘或是喷绘制作纸质效果图。对于绘制而言，效果图是更加生动的，同时有着较强的艺术性。设计师需要具备一定程度的绘画技能和基础，并熟练掌握不同绘画机制的表达。

（二）数字化效果图

对于信息化时代的设计师而言，计算机辅助设计是其常用的一种重要手段，很多绘图软件的应用是相对广泛的。例如，3DS MAX、Rhion、Allas、Sketch Up等。相比手绘，这样的软件对于立体感的表达更加具体，对于图片的完善和修改更加方便。这就需要设计师熟练掌握以上绘图软件，这能大大提升设计效率。

（三）文字文件

除了图画形式的设计效果图，设计师还可以附上详细的文字说明。设计说明书是指对公共艺术设计利用书面表达的方式进行说明，其中包括封面、目录、调研与分析、功能分析、设计目标、定位构思、方案表现、设计说明、设计制图、材料明细表、成本核算表等，是一种常规的样式。对于设计文本而言，其是对设计成果更加全面的总结和表达，对于委托方在决策和项目实施评价上是非常重要的依据。

（四）立体模型

经过草图创意和深化设计后，利用效果图对设计的色彩、结构和材质进行反映，但是其真实性是不准确的。对于公共艺术设计而言，其需要进行参数化设计，这是为了保证后期工作的实施，要提前进行模型的制作，对于三维空间所具有的结构关系是更加明确的，同时对于材质和尺度等，其都具有重要的指导意义。在进行模型制作的过程中，原设计材料的运用是至关重要的，这样才能保证其设计方案是真实的，同时对多维度进行不断的完善和深化，在艺术上进行不断的探索，保证后期可以继续加工。制作模型的过程中需要多种材料，其中包括油泥、石膏、环氧树脂、金属型材、木材、卡纸等。之所以需要多种材料，是因为不同的材料所具有的性能是不同的，同时在进行加工时其工艺和手段也是不同的。

对设计师来说，好的材料和工艺的选择对作品的经济适用和审美是至关重要的。设计师可对前沿材料和技术进行运用，保证其能达到理想的设计效果。对于模型制作而言，不只要对实物的表现手法进行制作，数字化三维模型也是一种重要的表现方式，因其本身具有便捷性和准确性。在模型制作过程中，对于加工技术要充分利用，对于自身的美感要尽可能地发挥，保证其比例的准确性，保证其中的节律和空间形态，这样的造型语言才是适合的。

相较于二维图示，模型以其直观性、真实性和高度的体验性，更贴近公共艺术空间的三维塑造特性，有效解决了图示在表现立体作品时的局限性。利用模型展示，可以更生动地呈现作品的空间属性，加强空间形象思维的发展。在这个阶段，模型表达通常以精确且完整的形态展现。得益于其强烈的三维效果，模型能够精确地捕捉作品的空间形态特征，从而提供强烈的直观感受和体验。这一点在展示空间形态复杂或规模较大的作品时尤为明显。对于非专业人士而言，模型是一种极其有效的方案评估和决策工具。数字化的计算机模拟在一定程度上融合了图示和模型表达的优势，并且在精确度和真实感上超越了传统方法。因此，它正逐渐成为一种日益普及的表达手段。随着数字化技术的提高，数字设计也逐渐成为设计师重要的设计方式。

（五）作品施工图

图纸文件和文字文件是设计最终成果的重要主体，设计师要严格遵守我国的法律法规和设计规范，同时要对施工图纸进行严格描绘，这样才能保证满足技术条件与生产的需求。图纸主要包括平面图、立面图、结构图、剖面图、大样图、详图、索引图、定位尺寸图、设计说明、材料及造价表等。

四、城市公共艺术设计的完善阶段

城市公共艺术设计的完善阶段是对设计师设计成果的检验与实施，这种结果表达是要将作品方案的全部特征在该阶段反映出来，也是整个设计思维过程的最终阶段。设计结果既要反映出公共艺术作品艺术的一面，也要反映出技术的一面，这两方面实际上也是景观公共艺术对感性设计思维与理性设计思维的要求。因而完善阶段表达的侧重点应放在它的现实性和表现性两个方面。实际上，完善过程存在于构思阶段中，并发挥着极大的作用。它在方案构思基本确定后，对作品尺寸、造型、色彩、细部及各种技术问题的调整，使其意象更加具体化，并通过逐步完善，将方案意象充分细化，使其具有可落实性与可操作性，以各种手段、方式表达出来，得以形成最终设计成果。设计过程中准备、构思、完善三个阶段并非是完全割裂的，而是相互融合、彼此作用的。

（一）方案评估

方案评估是指通过设计方对方案执行情况公示汇报及委托方对汇报内容的听取，双方对阶段或最终方案的可行性进行评价和论证，最终通过评选委员的综合审核，以决定方案能否被采用。

设计方将已完成的设计方案上交有关部门与委托方进行审核评估，或是参加方案项目竞标。如果是委托方对设计施工方单方委托的话，评估的内容就会围绕项目方案实施的可行性与否而展开。如果是项目竞标的话，由于不是单方委托，评估的内容比较复杂，需遵循各方投标方案的优劣状况进行审核评判，最终决定采纳。一个项目方案从开始到完成，通常需要完成"过程"与"结果"这两个阶段的评估。过程评估是指委托方对方案执行期间的具体情况进行的监测评估，以此不断了解和把握方案执行的状况，通过设计方和委托方之间的反复探讨与论证，达成执行方向上的一致，以确保方案能够依照先前的计划目标与期望效果进行下去。结果评估是指在方案执行完成，或过程中的某个阶段完成时所做的总结性评估，以评价论证方案在各方面是否已达到先前制订的计划目标与期望效果。

在市场经济背景下，公共艺术设计方案主要面向非专业人士，少数为半专业人士，而只有极少数是这个领域的专家。这一现实要求我们在保证方案质量的同时，也要关注其表达方式。有效的表达可以迅速建立设计师与委托方的信任，这对设计方案能否被接受至关重要。表达方式包括清晰的文本、精致的展板、幻灯片、动画制作，以及引人入胜的演讲汇报，这些都是方案成功表达的关键要素。方案汇报一般以方案的文本性材料为主，也可附带小比例的展示模型，以供评委方参考和对照作品完成效果。汇报文件要装订成册，分发给评委，文件中包括方案设计说明、方案实施的基本概算、方案分析图和效果图，便于评委们对设计方案有整体系统的了解。通常使用演示文件，通过映像、投影方式进行公示汇报。由于汇报方案的时间有限制，因此，在介绍时务必简明，要突出重点，优良的语言表达能力也是方案汇报成功的重要因素之一。

（二）工程概算

概算是控制工程建设投资规模和工程造价的主要依据。对委托方来说，工程投资的第一控制关键就是概算控制。如造价控制、合同签订、工程款项拨付、施工图设计控制、材料选购等事宜都是在概算编制的前提下展开的。经批准后的概算是项目投资限额的标准，是评判设计方案经济合理性和选择最佳设计方案的重要指标，同时也是工程进度检查、工程成本分析、建设项目投资效果考核的依据之一。因此，概算编制也是方案能否被认同和采纳的另一重要因素。概算包括直接费用和间接费用。直接费用包括人工、材料、机械、运输等费用。间接费用按直接费用的百分比计算，其中包括设计费用、机械管理费。此外，工程的不可预见费通常为总造价的5%，在预算取费时应多加考虑。

（三）方案实施

方案得到采纳后，便可进入制作和实施阶段。造型艺术品的制作和安装是一个复杂而庞大的工程范畴，需要动用人员和物力来进行制作、监督、管理。

1. 作品制作

作品的制作由于材质、体量、加工工序的不同，其难易程度也不同，如铸铜、不锈钢这样的作品，最初需要进行等大的黏土模型制作，然后再翻制成模具加以浇铸。而石材也需要将塑造的对象先制作成等大的模型，然后参照模型进行精密测量，定位取形。由综合材料组构而成的作品，由于不涉及整体的翻模制作，可分解成几个部分取型制作，最后加以组合。大体量的综合材料作品，制作工艺复杂、工作量大，因此，除了每个环节中的细节和要点需要设计者亲自参与制作，其余的工作需要在技术工人们的协助下制作完成的。

2. 监督工作

城市公共艺术作品的制作在直接施工制作为成品之前，通常还要进行小样制作，雕塑等立体造型的小稿可采用泥塑或立体构成，壁画则要绘制精细画稿和材料样本等。如果需要灯光等环境氛围也可以结合一些光电手段，通常小稿做好后用来和委托方沟通，确定后直接放大，作为施工依据。

有的公共艺术项目是由设计者直接统领制作和安装的，每个环节都需要由设计者亲自参与。如果设计者不参与或不重视后期作品加工制作，而是完全依靠技术工人根据原大模型加工制作的话，便会出现质量上的隐患。因此，设计者对作品加工质量的监理这一环节变得极为重要，这也是保障作品质量的关键所在。设计者要调控、衔接好各主要制作环节，对要点和细节分层把关，以提高工作质量和效率，缩短施工周期，确保整个工程有序进行。此外，任何作品在加工制作过程中，都要对其基础结构有严格的要求，设计者须根据方案制作状况及早提出作品荷载和承重的问题，以便在土建施工阶段做好前期准备，为安装工作提供必要条件。

3. 管理工作

在作品加工过程中，施工管理工作的好坏直接关系到作品艺术质量、施工周期、工程造价等方面的因素。第一是需要对不同工种的技术工人进行合理的分工和管理，根据不同工作量确定各工种的人员配比；第二是工序的安排，应制定相应的工程进度表，保证每一阶段的工作内容和进度，确保整个工期的基本内容；第三是施工中的安全问题，这一项应在施工管理中引起高度重视。

第三节
城市公共艺术设计的方法与策略

如今的城市结构复杂，城市公共艺术设计面对的环境和情况也更加纷繁，设计师不仅要运用传统的设计方法，更要针对当代城市的情况，使公共艺术作品更符合城市的发展需要。

一、城市公共艺术设计的基本方法

设计构思需要设计师以观察和分析已知的图片、文学和现象为基础，主动地进行创造性思维加工，并提出最合适的方案。因此，设计构思的过程不能只是咬笔杆等灵感，我们可以借助一系列思维拓展的方法，不断分析、反复思考，这能够大大提高获得创意的效率。设计学科激发创意思维的方法有很多，这里列举三种常用的方法。

（一）联想法

联想是人类大脑的基本能力，人们常常能够借助想象，把形状相似、颜色相近、功能相关，或在其他某一点上有相通之处的事物联系在一起。例如，人们很容易将时间和水流联系在一起，感叹逝者如斯，也会将好的人生与华美的织物联系起来，谓之前程似锦。联想法常常需要围绕一个关键词开始发散思维，利用自身的联想能力，并使用一系列的方法强化。设计师也可以先根据城市的历史文化特色等确定作品的核心，再据此不断对设计方案进行丰富与细化。

（二）逆向思维法

逆向思维，亦称"反向思维"，是一种颠覆传统、挑战既定观念的思考模式。它鼓励设计师勇于"逆流而上"，将思维引向相反方向，深入探究问题的另一面，将原有的逻辑彻底颠倒，或者用部分颠倒的逻辑替换正常的逻辑。常用的手法主要有以下四种。

第一，形态的反向，如内与外、大与小、轻与重、硬与软、透明与不透明、光滑与粗糙、快与慢等。

第二，功能的反向，如有用与无用、条件的增减、技术的置换等。

第三，顺序的反向，这种直接将原有逻辑颠倒置换的方式在艺术创作中可以看到大量的案例。例如，奥登伯格那些放大的日常生活用品和瑞秋·怀特瑞德从生活空间翻制出来的负形雕塑。除了直接站在原有逻辑的对立面的做法，还有缺点列举法，其是运用逆向思维的另一种有效方式。

第四，一般路径，根据公共艺术专业的特点，改进的方案一般可以从视觉属性、环境、功能、使用者等方面进行思考。

（三）系统分析法

系统分析法，这一思维策略的根基深植于20世纪中叶后蓬勃兴起的系统科学之中，一门跨越多个学科领域的新兴学问。其精髓在于将复杂问题视作一个完整系统，通过对系统内各组成要素的深入剖析与综合考量，旨在探索并提炼出解决问题的切实可行的方案。[1]这要求设计师在面对一个方案的时候先建立起一个系统性的认知方式，尽可能地列出这个方案中所有的相关信息资源。

例如，可以用的物质材料有哪些，这些物质材料有哪些类型，它们之间的组合方式有哪些，制造出来的效果是什么样的。在建立信息资料库的时候，设计师搜集的资料越完善，越有助于其从体系中开发出新的可能性。例如，在当代城市公共艺术设计中，设计师常常会被要求设计一些互动装置，这时就可以用系统分析的方法来剖析这一主题。首先，分析互动的方式有哪些，包括红外感应、按钮开关、脉搏感应、声音感应、温度感应等。其次，分析装置的类型有哪些，包括灯光装置、声音装置、机械运动装置、互联网装置，以及与空间结合的装置等。有了细化的资料库，设计师就可以将"互动方"和"装置类型"进行随机组合以获得新的可能性。例如，通过脉搏感应的机械装置是否可行，或者温度控制的灯光装置是否可行。

在广告创意中常常使用到的"头脑风暴法"可以说是系统分析法的一种变体。"头脑风暴法"需要多人参与，用集体的力量来丰富和扩大系统资料库的覆盖面，从而提高获得创意的效率。

二、融合城市文化的公共艺术设计策略

（一）现代城市文化的一般特征

公共艺术不仅是现代城市文化和生活方式的产物，也是城市文化理念和生活热情的集

---

[1] 陈立博：《城市公共艺术与互动设计》，中国商业出版社，2022，第120页。

中展现。城市文化的形成和发展依托于城市生活所共有的特点和属性。与乡村生活及其文化特性相比，城市生活及其文化具有下列显著的一般特征。❶

第一，社会化与集约化程度高。由于城市中商品化程度和各种专业性、互补性的配套服务程度高，使得城市居民在很大程度上摆脱了自给自足的生产、生活状态。从而，在加大对整体社会资源和功能依赖的同时，使自身从较为单一、繁重的劳动中解放出来，并拥有了更多的机会和条件介入更为宽广的生活和见识层面。

第二，异质性与竞争性。城市人口的来源和成分组合较乡村更具复杂性和异质性。如体现在阶层、职业、民族、宗教及经济收入上，受教育程度、生活环境及生活方式等方面的各种差异，也存在着城市"亚文化群"形态的众多差异。由于它们之间或相同社群内部的交流、碰撞和存在的矛盾性所必然出现的社会竞争，使得城市生活形态和生活方式呈现出高度的丰富性和差异性。从某种意义上说，城市生活比乡村生活及其固有的文化形态更加多姿多彩，具有变化创新的环境条件。

第三，开放性与创造性。由于城市生活与生产中的人主要是与非自然化的人造物质形态和技术形态相互作用，其知识和技术的开放、累积与发明的进度，以及文化的变更和创造概率都远比乡村社会更高。并且，城市作为交通和交流的枢纽，其物流、人流、信息流和资金流动量远多于乡村，因此能更好地吸纳外界影响和资源，以续获取新的信息和动力支持。

第四，互动性与多变性，由于城市社会物质与文化资源的高度集中和快速流动的缘故，城市社会内部在技术、市场和生活方式及思想观念方面易于产生新的相互的激荡和革新。作为消费、文化、技术、教育的中心，城市社会在容易受到外来影响的同时，也持续对周边乡镇产生影响。城市展现出不断学习和积极进取的态度，与竞争者进行互动，并以快节奏的变化和不断创新的特点不断进步。因此，城市生活方式的选择和它所提供的发展机会较乡村社会更多，人的思想观念相对不易封闭保守。

（二）城市文化视野下的公共艺术设计策略

1. 城市文脉的提取策略

城市文化虽然具有共同的一般特性，但想要将城市文化融入公共艺术设计，就必须对城市文化有充分的了解和掌握，这样就离不开对城市文脉的提取。设计师提取城市文脉，

---

❶ 翁剑青：《城市公共艺术：一种与公众社会互动的艺术及其文化的阐释》，东南大学出版社，2004，第31-32页。

可以从以下三个角度入手。

第一，从城市历史文脉入手。一座城市的历史是其发展的经过，既包括自然历史，又包括社会历史，城市的社会历史是城市居民在各个历史时期的生活方式、思想、精神、情感等的反映，而城市的文脉则是在城市的社会历史中形成的，通过一定的载体表现出来，建筑、文学、音乐、美术等都是城市历史文脉的表现形式。在城市文脉表现形式多样性的影响之下，公共艺术设计师在提取时的思考模式，以及呈现城市文化的方式也多种多样。城市文脉与城市的发展历史密切相关，因此，随着社会的进步和经济的发展，城市文脉也随着城市形态、人们的生活方式和思想观念的变化而发生变化，不同时期的城市文化之间有着显著的差异，但其发展一脉相承，构成了一座城市独特的文脉。在城市文化中，虽然传统文化元素总在被新的文化元素替代，但其空间中的文化元素始终存在延续性。在提取城市文脉的过程中，设计师应当注意不同时期城市文化之间的传承关系，梳理城市文化的发展轨迹，塑造城市独特的历史文化形象，避免城市文化出现断层，继而导致城市形象千篇一律。城市作为人们生活的空间场所，如果仅仅为居民提供物质需求上的满足，其自身也是难以持续、积极地发展的。

因此，公共艺术设计师关注城市居民的精神文化需求，通过公共艺术作品，将城市的历史文脉保留和传承下来，成为展现城市形象、发展城市文化的重要环节与有效手段。

第二，从城市地理环境入手。城市地理环境是城市文脉发展的基础，主要包括地形地势、气象、水文等。城市历史、文化的形成与发展离不开具体的地理环境，甚至特殊的地理特征也是城市形象的重要组成部分，许多城市的著名风景在历史的发展中已经不仅是单纯的自然景色，还具有特殊的文化与审美内涵。因此，设计师要想在公共艺术设计中突出城市的文化特色，就要抓住并利用城市的地理环境特征，将其作为要素之一，增强公共艺术作品的识别度。例如，东南沿海城市特殊的地理位置和气候条件深刻地影响着城市的布局规划、居民的生活习惯和生活方式，在此基础上形成的城市文化也带有深刻的沿海地区特征。设计师从地理角度入手提取城市文脉的过程，实际上是探索城市文脉形成的底层逻辑的过程，在分析城市地理环境特征的过程中，设计师能够对城市文脉的形成原因有更加深入的理解，有利于设计师在构思的过程中选择更适当的方式。设计师要对城市的地理条件进行深入分析。要分析地理环境对城市布局与规划的影响。设计师要从城市的地理环境中提取要素，如具有特色的山川、地形、植物等。

第三，从城市民俗文脉入手。城市民俗是城市居民长期生活的过程中，在生产实践的基础上形成的具有延续性和继承性的生活习惯❶。民俗由城市的地理环境、居民的生活与思想方式共同决定，和居民的生活紧密融合，载体形式多样，包括服饰、饮食、节日等，且广泛流传，是最能够代表城市文化特色的元素之一。城市公共艺术设计本质上是为城市的发展和居民的生活服务，想要贴近居民生活，可以将民俗作为重要元素，因为民俗元素的公共属性能够给当地的居民带来归属感。同时，具有鲜明地方特色的民俗文化元素还能够给外来的游客留下深刻的印象，突出城市形象特征。

2. 城市文脉的表达策略

根据城市文脉提取的三种思路，城市文脉在公共艺术设计中的表达也可以从这三个方面入手。设计师可以抓住城市历史、地理或民俗文化的某些元素，对其进行抽象化的再现，主要表现为历史性事件的再现、历史文化符号的象征性表达、城市精神的隐喻、城市地理文化的间接表达和城市民俗文化的直接表达几种方式。

（1）历史性事件的再现

通过公共艺术作品再现城市的历史性事件，最常见的方式就是建造雕塑和绘制壁画。对历史性场景的艺术性塑造，可以通过重建和塑造具体场景的方式来实现，设计师还可以抓住城市历史中的重要人物、故事和典故等，以其为切入点，以更加艺术化和抽象化的方式对城市历史性事件进行现代化的表达，以唤起人们对历史的记忆和情感，增强城市居民的凝聚力和责任感。例如，重要的历史人物就是常见的要素。设计师可以采用写实的风格塑造历史人物，注重细节的刻画，使作品更具真实性和代入感，让居民在观赏中仿佛身临其境，与前人共处同一时空。

例如，西安大雁塔脚下的大唐不夜城就以大量的历史人物雕塑再现了这座底蕴深厚古城的精彩历史。大唐不夜城中雕塑的形象选择的都是能体现盛唐时期我国文学、艺术、科技等成就的人物，使人们感受到盛唐时期国力昌盛、太平繁荣的盛世气象。大唐不夜城的雕塑设计主要采用写实的风格，但并不注重雕塑的细节刻画，而是以人物神态、风韵的还原为主。大唐不夜城的雕塑群构成了不同广场之间的分界，雕塑形象多为唐代著名诗人、画家、书法家等，形象设计注重体现不同雕塑人物独特的个性与气质，因此不夜城中塑像神情各异、姿态万千，能够将人带入盛唐的历史记忆当中，凸显西安这座城市深厚的历史文化底蕴。

---

❶ 高雨辰：《城市文脉保护视野下的公共艺术设计研究》，博士学位论文，天津大学建筑环境艺术专业，第70页。

（2）历史文化符号的象征性表达

历史文化作为一种抽象的精神产物，需要通过具体的载体来表达，历史文化符号就是不同时期的历史文化在社会中凝结成的结晶。这些历史文化符号有着鲜明的时代和地域特色，在公共艺术设计与城市文脉表达中有着天然的优势，因此是设计师在作品中表达城市文化的重要因素。其优势主要体现在两个方面：第一，历史文化符号普遍具有较强的概括性与识别度，能够给人留下较深的印象；第二，历史文化符号的概括性与公共艺术设计具有较高的契合度，适合融入公共艺术作品中。因此，提取城市的历史文化符号，对其进行抽象化、艺术化的加工，并将具有历史感的文化符号元素与符合现代审美特征的视觉元素相结合，实现传统与现代的融合与衔接，以突出城市的整体文化气质。城市的历史文化符号主要包括建筑与器物两种，这两种历史文化符号都有着漫长的发展历史和数量繁多的种类，设计师在规划时可以选择具有较高艺术价值或知名度、有特殊意义或具有较强代表性的符号。在选择历史建筑作为文化符号时，不一定将整个建筑形象融入公共艺术作品之中，可以选其局部的结构、色彩或装饰物等，如传统建筑中的斗拱就经常作为装饰元素出现在城市公共艺术作品中。

（3）城市精神的隐喻

城市文脉不仅包括有具体形式的城市文化和艺术，还包括没有物质载体的城市精神。不同的城市在发展的过程中经历了不同的困难与事件，在磨炼中形成了不同的精神气质，这种精神虽然不可见，但却隐喻在城市文化的各个方面。设计师要从城市的发展历史和文化艺术作品中提炼城市精神，借助公共艺术作品的形象，以隐喻的手法将其表达出来。城市精神的隐喻表达既可以通过具象的载体实现，也可以通过抽象的载体实现，前者依靠形象本来就具有的精神内涵，后者则依靠本身的形态、色彩等元素。

①具象隐喻

具象隐喻的载体本身具有两个特点：第一，造型风格较为写实，易于辨认；第二，造型本身具有一定的隐喻或象征意义。

例如，位于香港特别行政区会展中心旁的金紫荆广场的雕像就是以具象的形式表达出隐喻的内容。这座雕像的目的在于纪念香港回归祖国，塑像高约6米，朝向大海，通体金黄，紫荆花花朵和花瓣的形状清晰写实。紫荆花是香港特别行政区的区花，紫荆花的造型便象征着香港，而花朵盛开在我国文化中代表繁荣昌盛，因此这朵开放的金紫荆花代表着香港永远繁荣，表达了在香港回归祖国怀抱之际对这座城市的美好祝愿，又被称为"永远盛开的紫荆花"。

②抽象隐喻

抽象隐喻的载体不注重还原或模拟真实的事物，而是强调设计师的个性化表达，因此作品往往极具个人特色，对文化符号也进行了艺术化处理，将艺术性与情感性融合起来。

例如，加拿大温哥华市中心入口处名为《建筑者们》的雕像使用的就是抽象隐喻的表达手法。雕像刻画的是一个虔诚祈祷的人的形象，造型具有几何性的特点，并未对人的五官、手足、衣着等细节进行雕刻，只能看出其跪地祈祷的姿势和轮廓。雕像意在表达对温哥华劳动者辛勤付出的感谢。温哥华作为历史悠久的城市，有着不少外来移民，雕塑没有着意刻画劳动者的身形、衣着、样貌和形态，而是以一个抽象的形态代表当地和外来为温哥华的发展做出贡献的人，反映了温哥华的移民文化。雕像的重点在于表达情感和象征意义，虽然在再现具体场景方面不如具象方式，但情感的表达更加细腻。

（4）城市地理文化的间接表达

地理环境作为城市形象与文化形成的基础，从其中提取出的地理文化元素具有较高的识别度和代表性，地理文化元素也更加容易唤起人们对生活环境的记忆，引起人们与城市的情感共鸣。因此，如果城市具备特色鲜明的地理要素，设计师应当善加运用，对其进行了解与分析，选择与作品主题内容相关、具有文化意义的元素，并对这些地理文化元素进行艺术化处理。城市的气候、风景、动物、植物，甚至特殊的交通工具，都可以作为地理文化的表达元素。

例如，烟台滨海广场的雕塑选择了代表海洋文化的海马作为地理文化形象；有着"沙漠之珠"美称的陕西省榆林市则选择了骆驼这一代表沙漠的典型形象作为雕塑题材；成都太古里的IFS大楼上则"趴着"一只憨态可掬的大熊猫，设计师将熊猫这一极具代表性的形象与抽象的设计手法结合起来，塑造了一处独特的城市风景。

（5）城市民俗文化的直接表达

在所有类型的城市文化中，民俗文化无疑是与居民的生活和身心最为贴近的一种，在社会中广泛流传，能够带给人们亲切感和归属感。民俗文化诞生于民间，有着广泛的群众基础，并且经历了漫长的传承和发展，在城市社会中留下了深刻的时代记忆，也是城市居民集体记忆的重要内容。民俗文化是历史在社会生活的沉淀，设计师可以在作品中间接地体现经过提炼的民俗文化，以将城市文化和公共艺术作品结合起来。

例如，在北京地铁南锣鼓巷站的地下空间中，墙壁上有一组装饰是以琉璃块作为基础元素拼贴而成，拼出的剪影正是老北京的生活场景。这一作品不仅将老北京的生活习俗通过剪影的视觉形式呈现出来，还增强了互动性，群众不但可以扫描二维码了解剪影故事，还能主动讲述老北京故事或捐赠有北京记忆的物品，真正让公共艺术设计和传统民俗文化融入了城市居民的生活。

三、基于环境心理学的城市公共艺术设计策略

（一）环境心理学概述

环境心理学理论诞生于20世纪60—70年代，是一门专注于探索环境与人类行为之间错综复杂关系的学科，其核心在于从心理学和行为科学的视角出发，深入剖析如何构建最适宜人类居住与活动的环境，以满足人类的需求与愿望。[1]

环境心理学聚焦居住于人工构筑环境中的人类心理倾向，将环境选择与环境塑造紧密结合，深入剖析以下五个核心议题：第一，探讨环境与个体行为之间的内在联系；第二，致力于研究如何进行有效的环境认知；第三，分析环境与空间资源的优化配置；第四，探讨环境感知与评估的深层次机制；第五，研究在特定环境中，人的行为模式与心理感受的相互影响。

如今，随着城市功能的复杂化和城市文化的多元化，城市居民的生活越来越丰富多彩，不同的市民群体也产生了更多个性化的心理需求。随着我国社会逐渐步入老龄化阶段，城市中老年人的数量逐渐增加，老年人群体的生活与心理需求也成了城市公共艺术设计应当考虑的重要因素。因此，下文将以适老化视角下公园的公共艺术设计为例，分析基于环境心理学的城市公共艺术设计策略。

（二）适老化视角下的公园公共艺术设计策略

1. 适老化的内涵

衰老是每个人生命中必然经历的过程，而人的寿命长度与老年阶段的身体状况受外部环境和生活质量影响较大。经济社会发展的成果不应只惠及年轻群体，还应优化老年人群体的生活环境，延长人的平均寿命。如今，长寿的老人越来越多，这一现象对城市的生活空间提出了新的要求，随着人们对建设适合老年人居住的社区的探索，适老化的概念也应运而生。

"适老化"一词并没有确切的定义，但这一概念是从建设老年友好型城市的目标中发展而来的，这意味着城市的建设应当将老年人的生活和养老需求作为基础，对原来的规划和空间环境进行一定的调整。适老化这一概念是将老年人的需求作为基本考虑因素，针对当

---

[1] 林钰源、汪晓曙：《室内设计》，岭南美术出版社，2005，第141-142页。

前城市中老年人在生活的各个方面可能存在的问题，对城市的规划设计进行优化，如考虑老年人身体机能退化、身体素质降低、情感缺失等问题。城市公共艺术设计除了便利老年人的生活，更重要的是为老年人提供精神文化与情感层面的慰藉与支撑。

2. 适老化视角下的公园公共艺术设计的原则

（1）以人为本，保证安全性

适老化视角下的城市公共艺术设计，本质上是为城市中的老年人群体服务的公共艺术设计，尤其是在公园等休憩娱乐的空间，老年人是主要活动群体。因此，公园中的适老化公共艺术设计应当消除对老年人的不友好因素，遵循"以人为本"的原则，将提升老年人的生活水平作为最终目标，尊重和关怀老年群体。

以人为本的原则不但要求设计师关注老年人的生活需求，而且要求设计师关注老年人的心理健康与情感需求。其中，保证公共艺术设计的安全性是适老化设计的基础。老年人的身体机能会随着年龄的增加而降低，体力普遍不如年轻人，存在灵活性不佳、腿脚不好等问题，在平时的活动中更容易出现安全问题。在适老化的视角下，设计师要着重考虑公共艺术作品的位置、与周边配套设施的搭配和细节设计，不能一味追求艺术性。尤其是在设计具有实用性的公共艺术作品时，必须保证其便于接触、做到无障碍化。例如，在设计公园的座椅时，设计师要遵循人体工程学原理，调节座椅的高度与宽度、增加靠背与扶手，保证老年人的使用安全；在设计雕塑等观赏性的作品时，尽量选择温和的视觉风格，避免给老年人带来心理上的刺激，同时避免表面有锋利的棱角，以免误伤周围的老年人。

（2）追求美观，注重需求层次

适老化视角下的公园公共艺术设计应当以老年人群体各方面的需求为基础，根据马斯洛需求层次理论对其需求进行层次划分，除了基础的生理需求和安全需求，满足老年人更高层次的爱与归属需求、认知需求、审美需求等也是公共艺术设计的重要责任。在保证公园公共艺术设计对老年人舒适、友好的基础上，设计师要力求为老年人提供一个愉悦的环境。衡量公园的公共艺术设计是否符合适老化的标准，重点就是判断其是否有利于构建舒适的自然环境与友好的社会氛围。因此，适老化视角下的公园公共艺术设计可以与无障碍化服务结合起来，根据老年人普遍喜爱安静与自然的特点，以回归自然为主，注重老年人的参与感和体验感。

此外，公共艺术作品的美观性至关重要，优美的环境能够让老年人保持轻松、愉悦的心情。为了满足老年人的认知需求与审美需求，适老化视角下的公园公共艺术设计应当符合大多数老年人的审美倾向，选择清新的色彩和简洁、温馨的风格，避免过于抽象与夸张的造型。还可以融合养生、健康等适合老年人的知识内容，让他们在娱乐、休憩的同时了解相关知识，不仅有利于保持身体健康，还能够开阔眼界。

（3）关注体验，提供情感归属

如今，城市中的老年人不但面临着身体机能衰退的问题，而且面临着精神与情感方面的空虚。首先，由于近年来我国的经济快速发展，城市发展速度较快，城市面貌与人们的生活方式也发生了较大的变化，对老年人而言，生活的环境与以往有较大的不同，而老年人较为显著的心理特征之一便是怀旧，对自己熟悉的旧环境、旧事物有较强的眷恋与亲切感，但日新月异的社会环境和急速变化的生活方式、思想观念等，使绝大多数老年人都面临着逐渐陌生的生活环境，难以找到情感上的归属。其次，由于生活习惯上的差异，有自理能力的老年人往往不与子女住在一起，即便住在一起，子女忙于工作，对老年人的关心和陪伴也相对较少，而老年人有大量的空闲时间，大多是自己或与同龄人一起度过。因此，城市中不乏常常感到孤独和失落的老年人，这些消极情绪对他们的健康有害无益。

适老化视角下的公园公共艺术设计更应注意到这一点，凸显公共艺术设计的文化与情感属性，填补老年人精神与情感上的缺失。设计师应当考虑如何将情感因素与公园的物质空间结合起来，使老年人在其中获得体验感和归属感。本土文化和老年生活特点是设计师要着重挖掘的点，设计师要通过公共艺术作品，打造使老年人感到熟悉、舒适、贴心的空间，使老年人的情感与精神世界变得更加充实。

（4）促进交往，实现积极老龄化

所谓积极老龄化，是指促进老年人积极参与公共活动，增进与他人的交往，在城市提供的友好环境中营造良好的老年人活动与社交氛围，以带动更多的老年人走出家门，来到户外，在公园中参与有益身心健康的锻炼与交流，老龄化视角下的公园公共艺术设计应当有助于为老年人提供友好的环境，提高他们参与社会活动的积极性与主动性。

要遵循促进老年人交流，实现积极适老化的原则，首先，设计师可以增强公共艺术作品的互动属性，加强老年人与艺术作品、艺术装置的互动，老年人与环境之间的互动以及老年人彼此之间的互动，并确保老年人在互动的过程中能够获得良好的心理感受。设计师可以结合老年人的兴趣爱好，设计与之相关的公共艺术作品，发动老年人参与公园的活动，如太极、地书等；还可以结合现代媒体技术丰富艺术装置与老年人互动的方式，使艺术装置的反馈更加丰富。其次，设计师必须保证老年人对公共艺术的理解，才能够顺利实现其与公共艺术作品、装置、环境之间的互动。因此，适老化视角下的公园公共艺术设计大多选择具象化的风格，以便于老年人理解。且具象化的公共艺术作品对事物的模仿与还原程度越高，越容易引起老年人的情感共鸣，引导其参与互动。

3. 适老化视角下城市公园公共艺术设计的途径

（1）凸显作品的人文关怀

以人为本是适老化视角下最根本的公共艺术设计原则，所以公园的公共艺术设计要凸显对老年人群体的人文关怀。公园中的公共艺术作品与艺术装置应当起到营造良好空间氛围、激发空间活力的作用❶，体现尊重老年人、关爱老年人的文化氛围。

首先，设计师可以发挥公共艺术作品对公园空间布局的影响作用，保证公园内部的空间疏密有序，具体作品的设计不破坏公园空间的整体秩序，选择作品位置时应综合考虑周围的功能区域与道路情况，并且结合老年人的活动特点与活动规律，将不同类型的公共艺术作品和装置放置在最适合的位置，切记不要阻碍道路而导致老年人行动不便。其次，设计师要考虑作品对周围环境空间产生的影响。不同题材与风格的作品会对环境的氛围造成不同的影响，设计师必须保证公共艺术作品与环境在文化特性与审美特性上相符合。只有凸显人文关怀，公园空间才能帮助老年人保持愉悦的心情与积极的状态，使其感受到温暖与关心。

（2）选择贴近生活的创作题材

为了适应老年人怀旧的心理特征，满足老年人的精神与情感需求，设计师应当尽量选择贴近生活的题材内容。纪念性内容是过去公园中常见的雕塑题材，在适老化视角下，设计师应当突破这一传统，拉近公共艺术作品与老年人之间的距离。随着社会文化的丰富，公共艺术的题材也越来越多元，但最吸引老年人、最能使老年人产生共鸣的仍然是与日常生活贴近的题材，过于抽象的内容不符合大多数老年人的审美喜好，且可能引起老年人的误解。因此，想要加强公共艺术作品对老年人的吸引力，设计师就要关注生活，从生活中挖掘题材与灵感。一方面，设计师可以从现代城市的日常生活中寻找切入点，如今城市中的不少老年人过去生活在农村，设计师可以选择有关乡村生活的内容，如牧童短笛、耕作生活等内容；另一方面，大多数老年人受传统文化的影响较深，设计师可以从传统文化中选择适当的内容作为创作题材。

（3）注重实用性与艺术性的结合

适老化视角下的公园公共艺术设计要满足老年人的心理与情感需求，应当将保证环境的舒适性作为基础。目前，公共艺术设计与公园中的实用性设施融合得不够紧密，容易导

---

❶ 吴馨宇：《适老化视角下南京城市公园中的公共艺术设计研究》，硕士学位论文，南京林业大学设计学专业，第68页。

致公共艺术作品与环境格格不入，难以使老年人真正融入公园的文化环境。因此，只有将公共艺术设计的实用性与艺术性结合起来，将文化艺术和情感元素融入公园的实用性设施，让老年人在使用公园空间和设施的过程中自然而然地得到文化、审美上的收获与情感上的满足。

（4）简化艺术装置的互动操作

适老化视角下的公园公共艺术设计增强互动性与体验性是一种必然的趋势，操作过于复杂的公共艺术装置是不适合老年人使用和体验的，更谈不上符合老年人的心理特点、满足老年人的心理需求。一方面，老年人的身体状态不如年轻人，难以完成复杂的操作和体力需求较大的运动；另一方面，老年人大脑的反应速度通常不如年轻人，如果装置操作过于复杂，老年人可能难以理解。畏难心理可能导致老年人对复杂的公共艺术互动装置不感兴趣，则装置的作用也难以发挥出来。此外，简化公园公共艺术装饰的互动操作有利于保证艺术互动的公平性，避免在年轻人与老年人之间出现艺术鸿沟。设计师要考虑老年人的身体情况与学习能力，通过简化操作表达希望老年人参与互动的愿望，让老年人感受到被关心和尊重，使其获得心理和情感上的满足。

（5）搭配鲜明适宜的颜色

色彩是公共艺术设计中影响受众心理感受的重要因素之一，色彩的选择和人的心理有着十分密切的联系。色彩对人心理的影响能够通过视觉神经系统传达到最深处的神经中枢，因此适老化视角下公园公共艺术设计应当注重色彩的选择与搭配，发挥色彩对老年人心情、行为、状态的影响作用。一般的公共艺术设计要考虑作品色彩的色相、明度、纯度以及与环境之间是否协调等问题，但在环境心理学的影响下，公园公共艺术设计的色彩不仅要考虑这些因素，还要考虑色彩带来的心理感受。老年人对色彩产生的心理感受是主观的，设计师应当对当地老年人的审美心理进行广泛调查与研究，根据其成长和生活的时代背景、生活环境、地方习俗等选择适合的色彩。

总的来说，公园公共艺术设计的色彩应该做到柔和、丰富、明亮，可以红、黄等暖色调为主。第一，由于缺乏子女陪伴，老年人往往有较强的情感需求，逐渐与社会脱离可能也会导致他们产生一定的焦虑。设计师应当选择能够安抚老年人情绪、愉悦老年人心情的色彩，避免浓重色彩带来的沉闷感。第二，设计师还可以选择贴近自然、富有活力的色彩，给老年人带来轻松、稳定的心理感受，帮助老年人消除负面情绪、改变疲劳的状态。第三，设计师可以根据老年人具体生活的年代，选择他们年轻时社会流行的色彩，如喜庆的红色等。第四，老年人有着丰富的人生阅历，有的老年人喜欢典雅、低调、朴素的色彩，设计师也可以选择温馨、淡雅的浅色，以符合老年人的审美需求。

（6）设计有趣易读的造型

具体造型是公园公共艺术作品最基本的特征之一，也影响着老年人对公共艺术作品和公园空间的整体印象。设计师要把握不同的基本造型带给人们的心理感受，如规整的矩形、三角形使人感到平稳、严肃，圆形给人带来温馨、圆满的感受，曲线具有鲜明的动态感，等等。在适老化的视角下，公园公共艺术设计主要给老年人带来平和、温暖、愉快、温馨的心理感受，因此设计师要以舒缓、柔和、宁静、流畅的造型元素为主，适当搭配活泼的元素，使公共艺术作品在平静与温和中不乏生动、活泼的气质。此外，由于老年人具有多思、怀旧的心理特点，公共艺术作品的造型宜写实、传统，不宜先锋、抽象，保证老年人能够理解作品内容。设计师可以多用弧线造型，以活泼有趣的形式吸引老年人欣赏、使用与互动。

（7）选择舒适贴心的材料

材料不仅影响公共艺术作品在视觉上的质感，还影响公共艺术作品的触感，对作品给人带来的心理感受的影响是双重的。不同材料在结构、纹理、光滑度、粗糙度、反射与折射率方面各有差异，设计师要根据老年人的身体状态与心理需求选择适合的材料。

根据老年人的身心状况，适老化视角下公园公共艺术设计应当尽量避免选择坚硬、锐利、冰冷、反射率高的材料，因为这些材料坚固、庄严、缺乏亲和力，不利于带给老年人亲近感，冰冷和坚硬的触感也不利于老年人的身体健康。木材是适合适老化设计的一种材料，其强度高、质量轻，可加工性较高，且木材的色彩温和、贴近自然，触感柔软、不冰冷，且具有天然的纹理，这些特征都能让老年人感受到源于自然的生命力。此外，木材导热性较差，因此放在室外冬暖夏凉，有利于提高环境的舒适度。但由于木材的抗腐蚀、抗虫蛀能力较弱，设计师须注意木材的养护，或将木材与其他材料搭配使用。

在复杂的城市环境下，不同的人群有着不同的生理与心理需求，适老化视角只是其中的一种，是以老年人群体的物质、精神需求和心理感受为出发点进行的设计。对于设计师而言，根据具体的设计目标，分析受众群体的情感需求和心理特点，是成功运用环境心理学进行公共艺术设计的关键。

第三章

城市公共艺术设计的主要形式研究

作为城市文化的重要组成部分，城市公共艺术设计不仅提升了城市的视觉表达效果，更是城市精神和城市文化的表征。城市公共艺术设计也由于涵盖城市的方方面面而成为一个庞大的体系，包含城市公共雕塑艺术设计、城市公共壁画艺术设计、城市装置艺术设计、城市公共设施艺术化设计这四个板块的内容。对不同形式的城市公共艺术设计进行深入探讨，可以促进人们在日常生活中更深刻地感受城市艺术、城市文化之美。

第一节 城市公共雕塑艺术设计

一、城市公共雕塑概念探析

"城市公共雕塑"指位于城市中公共空间中以雕塑形式存在的艺术作品，有别于陈列在室内的架上雕塑，城市公共雕塑是放置在城市内外的街道、广场、园林建筑群、旅游景点等公共场所的装饰、纪念性主题雕塑的统称，常运用不同的艺术语言，以适应不同的环境需求。相较于内涵和表现形式更加宽泛的当代艺术概念的城市公共艺术，城市公共雕塑属于公共艺术的一个传统子类分支，是城市公共艺术的一种具体表现形式，更聚焦"物质性"与"永恒性"。以视觉艺术作为媒介，通过在一定的公共空间中营造出视觉与触觉的艺术意象来表现社会生活，体现艺术家的审美情趣与审美理想。好的城市公共雕塑作品可以美化和改变一座城市的面貌，也可以变作一座城市的眼睛，传达一个时代的声音，甚至彰显一个时代的灵魂。

"城市（公共）雕塑"这一概念在20世纪80年代初由我国的雕塑家刘开渠提出，在国内已得到了很大的认可，但实际上并没有公认的权威定义。随着时代的发展，国内相关学者对城市公共雕塑的认识也逐渐深入，并提出了不同的看法。王克庆教授是我国著名的雕塑家，他认为"城市（公共）雕塑"一词在学术上是不准确的，因为与室内雕塑相比，户外雕塑在欧美的现代艺术语境中，被称为公众和环境的雕塑。鲁迅美术学院的陈绳正教授指出："城市的雕塑，主要是在城市的公共环境中布置的。"清华大学美术学院的许正龙教授认为，都市雕塑是一种艺术，它是一种以自然和人造材料为基础的，通过不同方式进行组合，从而达到某种程度的融合的雕塑艺术类型。[1]

---

[1] 许正龙：《城市概论》，清华大学出版社，2011，第76页。

由此看来，城市公共雕塑是一种艺术，它将城市的具体的公共空间进行整合，需要配合公共空间组织的发展体系。也是在城市文化的个人化背景下，通过对现实的模仿、认知和理解来表现公众在城市公共空间中的情感、心灵和理念的感性显现的结果，是全面反映社会生活各领域的一种行为方式。优秀的雕塑作品，不仅要具有对整个空间的认知，更重要的是，当其进入与建筑共同构成的环境中时，可以最终呈现出整个建筑甚至整个空间的设计意蕴。

尽管近年来有关城市公共雕塑概念还存在一定争议，但是可以确定的是，第一，城市公共雕塑是一种立足于都市空间的造型艺术，它是一种外在的、可见的、可触的公众所欣赏的艺术形态。第二，城市公共雕塑是一门艺术，更准确地说是一门大众艺术，同时也是一门科学。第三，城市公共雕塑作品反映了市民的审美意识与审美精神，同时也反映了城市的形象，雕塑创作的整个过程（包括提案、审议、制作、设立等）都要充分听取市民的意见和建议，并以雕塑艺术家为主导，参考各方意见，接受公众的监督与评价。第四，城市公共雕塑不仅是一种文化现象，而且是一种对文化载体和审美方向的指引，同时也是一座城市文化品位的体现，它的社会意义非常明显。

二、城市公共雕塑艺术设计的分类

（一）从造型形态方面来看

造型是实现景观雕塑最直接的方法，是针对雕塑的外在大小、空间状态进行的设计。从造型形态上讲，城市公共雕塑可以分为机械形态造型、建筑形态造型、场景形态造型、写实形态造型等类型。

1. 机械形态造型

机械形态造型的城市公共雕塑包含金属仿生形态机械造型和机械构成造型等。首先是城市公共空间中的金属仿生雕塑。这类雕塑作品利用机械零件或工业废弃物，依据机械组装原理和艺术创作原则进行构建。它们在材料和工艺上展现出极强的现代感，形态构造复杂而精致，整体上呈现出一种朴素无华、简洁自然的美学风格。例如，在北京国际雕塑公园中，《双鱼》雕塑作品独树一帜，艺术家独具匠心地将工业机械废弃的构件，诸如管道、踏板、液压支撑件及螺旋推进器等，依照金枪鱼的骨骼结构和动态流线进行了艺术化重构与呈现。通过这种创新手法，原本生硬的金属废弃物被赋予了新的生命力，这不仅实现了材料的循环利用，还美化了生活环境，同时传递出城市文化主题。

其次是以机械构造为灵感的景观雕塑。这类雕塑作品或以整个机械结构为原型，或以机械的某个部分为蓝本，通过夸张和抽象等艺术手法进行创作，转化为城市公共空间中的雕塑艺术。它们彰显了现代工业技术的强大，以一种沉稳、坚固的风格呈现出来。例如，位于巴黎拉德芳斯门前的《红色的蜘蛛》景观雕塑，其灵感源于起重机。经过设计师的局部抽象化处理，提取了其最具代表性的起重臂部分，并将其放大，再涂上红色，以此展现现代工业的力量。同时，这件作品与周围的环境和建筑形成了和谐的呼应，不仅传递了深刻的内涵，也为环境增添了美感。

2. 建筑形态造型

在城市公共雕塑领域内，建筑形态造型的融入，指依据建筑的实用功能或结构原理进行创作的景观雕塑作品。此类雕塑可能蕴含建筑的功能性元素，或展现出建筑的外观风貌，更有可能两者均有所体现，从而在近年来大型城市公共艺术雕塑的创作中占据了重要地位。

基于属性的分类原则，城市公共雕塑创作中常见的建筑形态造型策略体现在两个方面：一是通过借鉴建筑内部空间的功能性来构思城市公共雕塑的设计；二是通过借鉴建筑外观的特有属性来塑造城市公共雕塑的形态。首先是从建筑内部空间功能中汲取灵感的城市公共雕塑设计。这类设计方法专注于雕塑的整体造型，特别适合那些在城市公共区域中占据显著位置的大型雕塑。设计师在保持雕塑原有艺术特质的基础上，借鉴建筑内部结构设计，赋予雕塑内部以实用功能。以北京中华世纪坛为例，设计者以中国古老的日晷为蓝本，同时考虑了建筑的实用性，对日晷下方的圆盘内部空间进行了巧妙的分层设计，从而使这件雕塑作品不仅有了纪念和美化环境的作用，还具备了实际的建筑使用价值。

其次是从建筑外观特性中获取灵感的城市公共雕塑设计。这种设计理念侧重于模仿建筑材料、施工技术、外观设计等视觉元素，不受雕塑大小和所处环境的限制，展现出更为简洁、流畅的风格。以瓜州雕塑《无界》为例，设计师刻意突破了想象力的束缚，摒弃了颜色带给人的快感和繁华视觉体验，使《无界》看起来像是一个独立于宇宙的次元，又像是一个尚未完工的世界，由扣件式的钢制脚手架组合而成，给人一种正在建造中的感觉。

3. 场景形态造型

景观形态造型雕塑是指借用地势、地形、地景等因素对园林雕塑进行整体造型设计的城市公共雕塑，是近几年出现的一种雕塑创作潮流，显示出城市公共雕塑艺术日益强化与环境的协调性，不断深化与所处环境的点、面契合度，同时积极追求景观主体造型内涵的多样化和丰富性。

从自然景观和园林景观的表现手法来看，城市公共雕塑的景观塑造技术分为以下两种。

第一，运用自然地貌的塑造技术。这种方法利用了土地、岩石、水、树等各种环境要素及自然力量，以尽可能减少城市公共雕塑对周围环境的影响。

第二，园林风格的雕塑设计方法虽然同样针对城市公共雕塑场地，但它与侧重自然地貌的设计手法不同，其更注重场景和环境的风格表现。具体来说，设计师需要深入探究雕塑所在场地的园林特色、景观意义和环境氛围等内在要素，寻找与场地精神相契合的元素，进而对雕塑进行风格上的融合和表达。

4. 写实形态造型

写实形态造型雕塑是一种传统且多见的表现手法，能够忠实再现客观对象的真实形态。相较于其他雕塑风格，它更加逼真、生动。在现代城市公共雕塑领域，写实造型主要分为两种类型：一种是通过观察和绘制（写生）来捕捉形态，另一种是直接模仿实际物体（实物造型）。

第一，写生雕塑手法。这种方法侧重于对生物或动态物体形态的观察、概括和重塑，核心在于追求形态的相似性。然而，写生并不意味着对原始素材的简单复制，雕塑家在创作过程中会提炼出最具象征意义和最能传达主题思想的特征，并对其进行夸张表现。在李大钊的故乡，河北唐山的大钊公园，矗立着全国最大的李大钊纪念像。该作品运用了夸张的艺术手法，以概括性的艺术语言表达了一代革命者坚定的信念与刚直的性格，从而成为中国当代城市公共雕塑的典范。

第二，实物造型手法。与针对生物进行的写生造型相比，实物造型手法旨在将日常用品按比例放大，以契合公共空间的特定需求。在此过程中，设计师需在保留物品基本形态的前提下，对其色彩、材质等细节进行创新的改造，从而赋予这些实物焕然一新的视觉风貌。例如，纽约利奥·卡斯特里画廊前名为《衣裳夹》的雕塑，艺术家选择了一个常见的衣夹为原型，通过简化造型和夸张表现，为画廊带来了一种富有现代感和时尚感的气质。

（二）从构筑形式方面来看

形式是艺术的载体，是艺术的视觉外观。艺术形式的语言体系由独立的形式符号综合而成，经典雕塑艺术风格范式蕴含了独特且契合形式美法则的艺术词汇，其构成要素及编排手法全然契合艺术家个性化的审美理念。

雕塑的构筑形式是由环境、空间、艺术家自身创作方向等诸多因素组成的，包括单体圆雕，与相对扁平空间处理的浮雕、透雕、组雕等。圆雕，也叫立体雕刻，是一种可以多方位、多角度欣赏的雕塑类型，也是一种对雕塑艺术认识的全面表达，使观者能够从不同的角度观察对象。这需要雕刻者进行前、后、左、右、上、中、下全方位地雕刻。浮雕是雕刻和绘画的结合，通过压缩的方式来处理物体，通过透视等要素来呈现立体的空间，而且只能从一个侧面或者两个侧面观察，通常都依附于其他平面，因而更多地用于建筑和器具。鉴于浮雕所具备的空间压缩性，其占用的面积相对较小，从而能够适配多种环境以作为装饰之用。透雕是一种介于圆雕与浮雕之间的雕刻艺术，又称为凹雕、中空雕，以浮雕为基础，通常将其底片中空，进行单面或双面雕刻，有边框的透雕被称为"镂空花板"。组雕是在同一环境里用一组圆雕或结合浮雕的方式共同表达一个主题内容的雕塑类型。

雕塑的"形态"能够以简洁精练或动态丰富的方式呈现；它可以传达庄严和神圣的气势，也能展现感人至深的情感；其质感既可坚硬若金石，亦可温润如丝缎。一旦具象雕塑的"形态"精准捕捉到了审美主体的独特韵味，它便自然而然地展现出一种独特的形式美感，这无疑是雕塑艺术风格演进的重要基石。一件杰出的雕塑艺术作品需展现出完整、协调与和谐的外观，通过一致的造型手法精心雕琢雕塑的每个部分，并将它们天衣无缝地融合，构建出一个统一、和谐的整体视觉效果。当雕塑家拥有鲜明的审美追求，并能将此追求在作品形式中得以体现，创造出独树一帜的形式感时，便形成了其独有的艺术风格和表达方式。雕塑家运用其独有的形式语汇来体现其精神探求和情感深度。若要表现激昂的情感波动，雕塑家倾向于使用充满张力和动感的构图，以及丰富、细腻、变化多端的形态；若追求宁静之美，他们可能会采用均衡、稳定的结构，以及柔和、流畅的线条来表现形体；若目标是对高尚精神的赞颂，则可能通过对称、高耸的构图，结合水平或垂直的形态和明显的直线，来传达作品的庄严与力量。通过这些形式上的巧妙运用，雕塑家将内在的情感和思想具象化，使之成为可感知的存在。

雕塑艺术的创作过程始于对现实世界中形态的深入分析，并从人类经验的宝库中提炼出这些形态，对构成形态的各个部分进行细致的考量。随后，雕塑家依据自己的审美理念和偏好的形式感，对这些形态在不同空间关系中进行艺术化的塑造和调整，确保它们融合为一个和谐统一的视觉整体。整体形态中的每个单元都应该保持紧密的联系，材质和质感的差异不应导致它们之间的脱节。在创作过程中，这种构成形式持续指导着艺术家处理作品中的每一个形态，无论是宏观的整体造型还是微观的细小细节，都必须遵循这一形式原则。这种对形态的统一处理是形成个性化形式语言的基础。❶

---

❶ 温洋：《公共艺术中的雕塑叙事与表现》，辽宁美术出版社，2017，第39页。

综上所述，城市公共雕塑的构筑形式是基于以上理论而产生的具有综合性的表现形式，它是多种雕塑手法在环境中或单一或集合的表现方式，但无论哪种表现方式，都必须在雕塑形式及与环境的关系中符合雕塑艺术设计的主题要求。

（三）从材料方面来看

雕塑的材质种类有很多，大的分类有硬质和软质两种，硬质包括金属类和非金属类，软质包括纤维和综合材料等。金属类主要包含铸铜、锻铜、不锈钢、铸铁、铸钢、铸铅、金属板焊接等；非金属类有石材、陶、人造石、木材等。石材类细分又可分为花岗岩、大理石、青石、砂岩等。城市公共雕塑品种繁多，从不同的材料角度出发，不同材质的雕刻作品，其质感、色泽、肌理的差异，都会让人产生不同的视觉感受，从而使作品更具艺术性与语言特色，丰富了作品的表现意蕴，提高了作品的审美趣味。以下主要列举传统城市公共雕塑中最常见的两种材料。

1. 石材雕塑

石材雕塑的手法多样，纹样流畅洒脱。石材的分类很细致，常用的有花岗岩、大理石、砂岩等，每种材料均蕴含其固有的特性，它们在城市公共雕塑的塑造及内容的呈现上，各自展现出别具一格的美学效能与视觉冲击力。由于材质本身的特性，导致此类雕塑造型通常比较概括，以最大限度地保障雕塑的稳定性与安全性。

以花岗岩为例。这类材料以其坚硬的质地和多样而持久的色彩而著称，其色彩表现力随着不同结晶形态材料比例的增加而更加鲜明，展现出材料的独特性。这种材料最显著的优势在于其强烈的视觉冲击力，以及结晶多样性带来的粗犷质感。在城市公共雕塑的创作过程中，首要任务是深入理解这种材料的特性。在设计大型城市公共雕塑之时，鉴于观众观赏的远距离特性，雕塑的设计往往倾向于采用更为宏大的体量。因此，在表面肌理的处理上应追求一种粗犷的质感，通过敲击或凿打使表面呈现自然的粗糙度，模仿材料经年风化的自然状态，以此赋予作品一种岁月的美感。至于石材装饰材料，通常采用抛光处理；但城市公共雕塑中只有小型装饰性作品会较多地使用抛光手法。

2. 金属雕塑

金属雕塑是一种以金属为材料，通过铸造、锻造、焊接、切割等工艺手段创作的三维艺术形式，具有质感独特、耐久性、光泽性好等特点，在城市公共艺术中占有重要地位。金属雕塑又可以分为铸铜、锻铜、不锈钢等类。

以不锈钢类为例，作为一种广泛应用于环境雕塑的材质，不锈钢的特征是其表面具有银质的反光效果，其在城市公共雕塑的应用中，能够自然地与周遭环境融为一体，其独特的着色工艺使钢板与色彩完美融合，形成极具艺术美感的几何造型，为城市景观增添了丰富的视觉层次。不锈钢材质以坚固的支架结构设计，确保了雕塑的稳固与安全，同时，其材质特性被巧妙地运用于大型几何形态雕塑的创作中，旨在凸显雕塑的块面结构与材质美感，使之成为城市空间中的一道亮丽风景线。在大型的城市公共雕塑中，特别是广场上的标志性雕塑中经常使用这类材料。

（四）从体量方面来看

1. 大型城市公共雕塑

当城市公共雕塑的实体高度或宽度超过18米时，通常被定义为大型雕塑。这一尺寸标准为设计师在规划城市公共雕塑的尺寸时提供了依据。大型雕塑的创作重点在于其标志性和地标性，其庞大的体量在视觉艺术欣赏中往往给观众留下深刻的印象。城市公共雕塑与建筑存在显著差异，它在特定环境空间内构建了一个艺术作品的独特领域，其主体视角显得尤为显著。因此，无论是在投资规模、空间占据方面，还是作为视角焦点方面，大型雕塑都有着重要地位。想要这类雕塑发挥应有的作用和影响，就需要为其赋予具有标志性的城市文化精神。

大型城市公共雕塑在设计时需考虑人流量及其与主要视觉点的关系。设计师应确保雕塑在三个不同的观赏层次上都能提供最佳视角：远观时，雕塑应展现出优美的轮廓和天际线，这通常在雕塑高度的6倍远的位置进行；中观时，雕塑应展现出层次感，最佳观赏距离约为雕塑高度的3倍；近观时，应能细致观察到作品的所有细节，通常为距雕塑的1~3倍的范围进行观看。

2. 小型城市公共雕塑

与大型城市公共雕塑相对应，小型城市公共雕塑是指长、宽、高均不大于2米的城市公共雕塑。这类尺寸的雕塑置于室外时通常不会成为主要焦点，而是扮演着装饰和增添空间多样性的角色，充当景观小品。在众多公共空间中，这类雕塑对于充实文化元素和提升空间体验具有不可或缺的价值。

3. 中型城市公共雕塑

在确立了大型与小型城市公共雕塑的基准尺寸范围之后，可将高度从2~10米不等的城市公共雕塑界定为中型雕塑范畴。这类雕塑能够依据环境空间的布局差异及主题内容的特殊要求，灵活地设计成具有显著标志性的作品，或作为景观中的点缀性小型雕塑呈现。

在探讨雕塑尺度的界定之时，可以从建筑高度分级中汲取灵感。我国建筑高度的区域划分，大多以民用住宅的层数作为基准，通常被划分为四个层次。具体而言，第一层次涵盖的是高度低于14米，即1~3层的住宅；第二层次则是高度介于12~24米，对应于4~6层的住宅；第三层次则是高度在20~30米的住宅，相当于7~9层的建筑；而第四层次，则是高度超过36米且不超过80米，即10层及以上的高层住宅。由此可推算出雕塑的尺度大小，即第二层次的12米以上为雕塑的中间尺度，第三层次的20米以上为雕塑的高尺度，第四层次在36米以上为雕塑的超高尺度。

（五）从功能方面来看

1. 主题纪念性雕塑

这类城市公共雕塑作品主要设置在城市的关键公共区域，旨在体现城市的文化精神。它们通常围绕特定的历史时期或主题展开，表现手法多变，涵盖了从正剧到悲剧等多种情感表达形式。正剧类有人民解放战争胜利、抗日战争胜利、渡江战役胜利等纪念事件。以此为主题创作的城市公共雕塑作品种类有很多，如北京的人民英雄纪念碑浮雕《五四运动》、中国人民抗日战争纪念雕塑园、法国凯旋门等。悲剧性雕塑作品，诸如侵华日军南京大屠杀遇难同胞纪念馆的宏大主题雕塑，深刻地将悲痛与对和平的深切期盼以雕塑艺术的形式展现，极大地强化了悲剧性建筑所特有的空间氛围，并赋予了场所深刻的精神意蕴。

2. 地标性雕塑

这一类雕塑主要以彰显城市特色、个性、风貌为创作导向，具体雕塑形式可依托当地地域特征来设计，这样的城市公共雕塑有很多，如广州的《越秀五羊雕像》、西安的丝绸之路群雕、法国巴黎的埃菲尔铁塔、美国纽约的自由女神像等。

地标性雕塑的构筑，无论是在规模还是主题上，均展现出丰富的多样性。例如，罗马以其标志性的母狼雕塑闻名于世，而丹麦的哥本哈根则以小美人鱼雕塑作为城市的象征。此类雕塑创作的精髓，在于能够引发公众的广泛认同，而其在完成后的宣传策略与定位亦具有举足轻重的地位。因为一个城市雕塑在创作之初未必是作为该城市的地标性雕塑而建，但随着雕塑建成且获得公众喜欢，那么就可以通过后期宣传和定位来逐步推进其成为该城市的象征。

3. 装饰性雕塑

装饰性雕塑是当代城市公共雕塑中最为常见的一种，它包括公园、道路、社区、广场、娱乐场所等场地中景观式的、以观赏为主要目的的雕塑，同时也是最常见的景观类型。装饰性雕塑更具活力、生动、明快、自然，不必追求形象的精确，但要让人感受到美。优秀的装饰性雕塑既能满足人的审美趣味，又能活跃文化气氛，还能成为环境中的一个有机部分。一些装饰性雕塑依附于建筑物，用于装饰建筑物，并与主体建筑相结合。

4. 装置性雕塑

装置性雕塑是指参照已经形成的自然或人造物质、物体的形状或组织规律，由雕塑家有意识地组合或放置在共同的环境中，创造出一种有意义的空间造型艺术。装置性雕塑包括地景雕塑和互动型雕塑。地景雕塑作为一种公共雕塑形式，主要依托地表景观进行表现，同时它也融入了大地艺术、景观艺术以及建筑艺术的元素。互动型雕塑是由参与部分、外部要素构成的雕塑形态，如其名称所示，互动型雕塑注重与参与者的互动，且通常使用大众所熟知的符号来组织作品。装置性雕塑是近几年来较为新颖的一种城市公共雕塑，本文从这入手，论述了当代公共雕塑艺术的新发展。

三、城市公共雕塑艺术设计的特征

（一）空间性

城市公共雕塑的设计往往需要充足的空间来展现其影响力，使其即便无法拥有庞大的尺寸，也能在广阔的公共空间中产生显著效果。每件雕塑都是艺术家匠心独运的结晶，当它们被安置于特定的环境之中，占据了一部分公共空间，便会与周围环境产生互动和影响。对于雕塑来说，环境空间是一种有实际意义的东西，因为当雕塑作品位于一个环境的空间里时，人们可以完全地感受到它的存在，而不需要花费大量的时间和精力去参观。城市公共雕塑的尺度、色彩、材质、形体、语言的抽象性等方面，都与城市的地域性、民族性、民俗文化的艺术性联系在一起。由此可见，城市公共雕塑绝不能像室内架上的雕塑一样，无视户外的空间环境，城市公共雕塑能否生存下去，主要取决于其是否被城市空间环境所认同。

城市公共雕塑本身所占据的物理空间，与周围环境的影响有着密切的联系，它们共同形成了整体意义上的空间环境艺术。所以，在观赏城市公共雕塑作品时，我们应该把作品设定在一定的环境中去赏析，同时，雕塑在空间环境中对环境秩序与感受起到不同的组织作用。

（二）文学性

雕塑艺术与文学有着紧密的联系，从历史的各个阶段来看，雕塑作品无不和当时的人文环境及文学思潮保持一致。尤其是在古典主义时期，雕塑承载着创造宗教神话形象和塑造伟人名人形象的社会功能，把作品放到艺术家生活的时代中，就可以看到他们当时所受到的社会条件的培养或压制。在城市公共雕塑的创作中，免不了在还原文献描写的基础上创作，此时雕塑设计的审美原则是以形求神，或以神求形。通过对雕塑主体的刻画，实现对文学内容的体态性叙述，即通过对事件的一个片段或静止的物化表达来实现对整个事件的呈现，达到物质形式与精神的和谐统一。以雕塑作为三维立体的文学实体进行故事的叙事性表达的作品众多，如陕西省雕塑院创作的临潼城市公共雕塑作品《秦统一》等。

（三）非文学性

文学性与非文学性描述的是不同时代的城市公共雕塑。随着时代的发展，雕塑题材逐渐扩大，已不单是叙事文学中某个人物、某个瞬间的复制品，艺术家们开始挖掘雕塑背后非文学性的价值内涵，进而内省并响应内心深处的声音，艺术家依据个人的美学偏好和经验来提炼文学意象，创作雕塑。如同诗歌和文学，运用象征手法来隐喻精神层面的意义或转述内在的思想，对所表达的主题进行富有诗意的再创造。在这一过程中，艺术家的创作往往是形式先于叙事，雕塑艺术中的纪念功能被极大地抛弃了。雕塑艺术发展到一定的程度后，更多的是对艺术的自觉和自我的追求，更多地遵从雕塑创作者的审美需求，考虑雕塑环境的美学价值、功能价值等，因此也就体现出了非文学性的特征。

非文学观念源于对雕塑本体语言的纯洁性的坚持，其目标是让作品与所表达的社会意义相分离。雕塑家们往往会强化几何的语言，如点、线、面等，使作品变得更简洁，使雕塑以几何的形式表现出来，再以重复的机械方式排列或叠加，形成一种或多种相对的规则，甚至达到一种稳定的有序。许多作品在造型时，其表面不会有太多的修饰，色彩也常常被限制在极少的数量之内，并且经常使用工业平涂，从而削弱其主观因素，使雕塑作品更加贴近于一个存在形式，体现出逻辑思维。这已不是一个具体事物的抽象化，而是一种完全不存在的、无内容、无主题、无象征、无暗喻、无所表达、无所反映的雕塑创作。安尼施·卡普尔等众多现代雕塑家的大部分雕塑都是非文学的，这些作品最显著的特点就是游离于物质与精神空间、物质与非物质之间的边缘，以引起人们对各种对立、统一的事物的注意与思考，从而使人了解到生命的本质。

（四）地域性

城市公共雕塑设计的根基是一个城市的地方文化、人文历史、民间传说和自然环境等，城市公共雕塑设计的主要目的也是体现地方文化特色，因此，城市公共雕塑设计必然带有很强的地域性特征。

历史是城市的记载，也是城市公共雕塑存在的基石和核心。城市是人们社会实践和历史演进的产物，不同的生产方式和文化理念塑造了各具特色的城市形态及其独特的精神风貌。正是文化的独特性，使城市成为一个具有辨识度的独立实体，让人们能够感知并铭记。城市公共雕塑作为文化构建和文明积累的一部分，在记录城市历史和传承城市文明方面扮演着重要的角色，是凝练城市精神和彰显城市形象的重要组成部分。从这些耸立的雕像中，观赏者可以很好地了解到一个城市的文化，在一刹那感受到城市的精神气质、艺术品位和美学追求，同时也会在一刹那想起这座城市的光辉历程。

（五）文化性

现代雕塑的形态语言在一定程度上反映了今天的都市文化趋势，在众多的城市文化形态中提炼出雕塑的形态语言，并加以艺术转化，可以从另外一种视角去反映这个城市的文化，使城市公共雕塑更加人性化，更加有文化精神内涵。每个时代都会将历史变迁与时代发展通过一定的载体存留，而城市公共雕塑无论在其形式的艺术性、材料的科学性以及文化的承载度上，都无疑是一个最佳的载体选择。城市公共雕塑能够以最适宜的艺术形态捕捉并固化时代文化的特征，并使之存在于城市公共空间中，为公众刻画出不同时代的文化印记。这些雕塑不仅服务于当代，记录着当下的生活文化，而且作为文化的视觉符号，得以跨越时间的界限，传承至未来。

（六）公共性

城市公共雕塑是市民社会的一种表现形式，其艺术魅力与美学潜能都要在公共空间中得到充分的释放，其存在的意义也必然与大众的生活息息相关。城市公共雕塑的公共性，一方面从其所在空间的公共性中显现出来，另一方面也存在于所处空间与公众之间的互动中，同时在城市公共雕塑建设管理的机制层也有所体现。

城市公共雕塑并不是艺术家和个别个体独有享受的艺术品，也不是架上艺术，它是艺术家个人意志、精神情感转化而成的艺术作品，它是面向大众的、具有开放性的艺术品。第一，公共艺术作品应放在公共场所中，使之成为城市公共环境的点缀，并融入广大人民群众的日常生活中。第二，在创作城市公共雕塑作品时，要充分吸收大众的意见和建议，让大众也能积极地参与到创作中。投资与政策的制定会在一定程度上影响和制约城市公共雕塑的创作。在这一点上，艺术家们要依靠自身的艺术功底和艺术素养，对其进行吸纳与扬弃，使其作品更加典型、完善。第三，城市公共雕塑作品在完成之后，不仅要让市民欣赏，还要接受社会各界的监督与评价，使其具有更大的开放性和公共色彩。

（七）跨学科性

城市公共雕塑作为一门综合学科，它的发展与城市建筑的时代背景密切结合，是雕塑学结合城市环境、城市文化、城市设计、工程、数字科技、工程材料等学科所产生的专业领域，在学科建设和人才培养方面以城市视觉美学追求为内核，通过美术学、设计学、工程学、信息科技传媒等学科的融合，为艺术与工程开辟了一条独特的实践性艺术学科。

因此，城市公共雕塑设计师既要具备设计和创造的技能，又要具备一定的工程素质、跨学科的知识和多个专业协作的能力。要掌握城市公共雕塑的总体空间关系，必须掌握园林规划的基础理论，掌握材料科学，特别是新材料的运用，掌握结构的相关知识，以求更好地解决雕塑的承载力问题，保证工程的实用性和可操作性；还要可以与景观设计师、结构工程师、建筑师、规划师等不同职责的专业人员一起工作。

四、城市公共雕塑艺术设计原则

城市公共雕塑是依附于环境而存在的空间形式。随着社会与经济的发展，人们对于审美的要求较以往产生了巨大的变化，从而导致整个城市公共雕塑的设计理念也发生了巨大的革新。城市公共雕塑作为城市空间的艺术化构筑形式，其公共性特征被提升到了一个前所未有的重要地位，公共环境和公众欣赏共同构成了公共性的集中体现。鉴于城市公共雕塑最终将被置于城市空间环境之中，雕塑与环境的紧密联系及共存关系不言而喻。因此，在设计时，首要任务便是塑造出区域的整体氛围，确保雕塑与环境能够相互衬托，和谐共生，形成一个不可分割的整体。这一整体包括的因素众多，建筑、人群、车流，无形的声、光、温度等一切因素共同构成了整个区域的感受，也形象化地体现了区域环境的主题与性格。因此，在设计城市公共雕塑的位置、尺度、色彩、质感、形式时都必须结合这些因素，形成雕塑与各个因素的协调统一。基于这些设计观念，可以得出以下四点城市公共雕塑的设计原则。

（一）互为注释原则

所谓互为注释，即环境是雕塑的依托，通过场域的布局达成具有情感感受内涵的环境场所，来烘托雕塑营造的主题，使雕塑形成的形象感受能够最大化地脱离开雕塑的固有空间进行感染传达，形成区域化的气场氛围，让观众在走进空间的过程中，在线性的行进中逐步强化心理投射，让整体空间内涵如同交响乐一样有节奏地铺展开来；雕塑的设置又是环境之眼，它是一个抽象环境内涵的形象化集中表达，它注释着环境设计所要表达的所有内在深意，让观众在线性的游览进程中，在某一个点形成剧烈、集中、相对具体的心理反应，通过雕塑加强了对整体环境的内涵印象。雕塑与环境的互为注释原则在实际的设计运用中，常以主题性与非主题性两种形式呈现。

主题性就是通过某一事件或者形象的塑造，对环境的主题表达进行进一步的具体化注释。这一形象原型可以是意象化的也可以是真实存在的，可以是具象化的也可以是抽象化的，只需让观者能够一目了然地对环境的主题与功能性内涵有所了解或引发思考即可。这种主题性的方式多运用在具有重大意义、相对严肃庄重的环境之中。

非主题性就是雕塑与环境本身没有特殊的内涵指向，他们大多服务于功能需求，例如商业、休闲、娱乐、交通等没有主题制约的环境，表达的形式也就更为宽泛自由，环境的形式是松弛的，雕塑的形式自然服务于这种感受，并将其进一步注释加强，甚至一些作品只服务于空间层次的丰富抑或作者观念的传达，但是一定是在符合整体环境感受与布局的前提下进行设计构筑的。

（二）协同设计原则

城市公共雕塑的最终目标是将其置于城市的公共空间之中，这就决定了城市公共雕塑与公共空间之间必然存在密切的共存关系。所以，在城市公共雕塑的设计之初，其安放位置、尺度大小、色彩质感、表现形式都必须结合公共空间的环境因素进行考虑，使建成后的雕塑与环境协调一致。然而在以往的城市环境设计中，雕塑常常是在已有的公共空间中以补充的形式出现，这时空间已有了自身的节奏、韵律，形成了鲜明的空间特征，当城市公共雕塑介入这一特定的空间中时，就必然受制于这一特征。当然，经验丰富的城市公共雕塑设计者也能够使雕塑在形式上做到与空间特征相符，达到构图的基本和谐，但是势必很难最大化地发挥两者协同共鸣所能产生的强大气场，构成完美融洽的空间氛围与意境效果。

城市公共雕塑与公共空间的协调，表现在自然与人工环境和人文环境的协调。自然与人工环境是指城市公共雕塑所在的地形、建筑、街道、道路、树种、园林、广场、绿地等公共活动场地。人文环境指城市历史、文化氛围、地域特色、审美水平、审美情趣、精神追求等。城市公共空间的差异，会在视觉、心理、功能等方面给予观者截然不同的感受，每一座城市公共雕塑都是根据具体的城市公共空间进行创作的，以此使其与周围的环境相融合。如果与特定的公共空间分离，雕塑的意义就会发生变化，或导致主题不明确。因此，城市公共雕塑的设计要求是将城市的自然和人工的环境与人文环境相融合。

因此，协同设计就是将城市公共雕塑与公共空间两者从设计之初就一体化看待，综合两者优势，在三维空间中统筹考虑其相互作用关系，使城市公共雕塑作品的最终呈现效果不再简单地停留在满足视觉的愉悦功能或者表达作者的单一情感上，而是创造一个最和谐、最适于表现公共空间主题、特征、优势的综合性的，具有强烈公共特征色彩的艺术作品。

（三）主体侧重原则

在日常生活中可以看到大量的城市公共雕塑作品，一些城市公共雕塑直接以醒目的形式存在于公共空间之中，还有一些需要我们深入公共空间才能发现它们的存在，无论是以何种形式存在的城市公共雕塑，都在为公共空间的氛围与定位服务，表达和传递着这个区域带给人们的心理感受。

雕塑融入公共空间的方式是多种多样的，而体量在公共空间中所起到的作用一定是第一位的，如同音乐的节奏从根本上左右着旋律的走向分布，它直接影响到环境的空间划分与天际线关系，所以雕塑在环境中的体量比重直接影响到整体公共空间布局。以雕塑为核心还是以铺陈点缀的方式对公共空间的内涵或装饰效果进行阐释，两种选择并没有孰优孰劣之分，只有是否符合公共空间环境定位的区别。

在大的分类上可以把城市公共空间分为广场空间、商业空间、街道空间与其他空间。其他空间又包括学校、医院、厂矿等诸多空间形式。它们有些提供集会、纪念公共空间，有些作为休闲娱乐的场地，在功能上不一而足。在众多公共空间中应如何更好地把控雕塑设计立体的选择、侧重于突出主体设计，这可以从不同的公共空间来分析。在以雕塑为主体的形式中，通常雕塑体量巨大，公共空间也相对开阔，具有重大的标志或主题纪念意义。此类雕塑位于公共空间的核心位置，巨大明确的雕塑剪影直接参与天际线的构成。在这种形式中，公共空间的设计相对朴素简洁，服务于雕塑主题的明确表达，使雕塑在视觉上形成强烈的冲击。此时，公共空间只是雕塑空间的铺陈或者一种延续补充的呈现。

而在环境为主体的形式中，雕塑的介入就含蓄了很多，公共空间一般以围合或者半围合的形式与周围形成区隔。此类公共空间一般较之前者要大很多，而雕塑的体量则相对较小，不会对参与其中的观众形成具有压力的视觉冲击。雕塑多以节点的方式存在于环境之中，通过对小的区域形成影响从而营造整体氛围。在这种方式中，雕塑为相对抽象的公共空间营造不同阶段、不同节点的气氛差异，让整个公共空间具备多个情节感受的组成。

（四）以人为本原则

城市公共雕塑作品不能只是单纯地对形体、色彩、材料等方面进行组合，还必须兼顾公众的心理需求和社会需求，因其本质是服务公众，所以，在创作过程中应当坚持服务于人、以人为本的原则，满足公众不同层次的需求。不仅要满足公众的视觉审美需求，更要满足公众的使用需求，从而促使艺术家在设计时同时考虑到城市公共雕塑的美观性、舒适性、可参与性和方便性等。

以人为本原则不仅要求艺术家在创作过程中注重公众多样的心理、行为需求，还要求艺术家积极地了解不同年龄层公众的不同心理行为习惯，尊重公众不同的心理行为特征，创造出符合公众需求的城市公共雕塑，让艺术更好地为公众服务。

与过去各时代的雕塑作品相比，现代雕塑不仅仅是为了欣赏而存在，而是更加重视与人的交流互动。人是雕塑景观体验的主体，其策划与设计应当以人为本，满足群众的需要，充分挖掘雕塑的外在，以达到可观赏、可触摸，从而提高人们的参与程度。在进行人性化设计时，要充分考虑到公众行为习惯、身体结构、心理反应、思维方式等。突出雕塑景观在塑造环境和促进人们互动方面的功能，正成为雕塑艺术发展的一个重要方向。艺术家可以通过赋予雕塑以人性化的设计，激发雕塑环境的活力，为人们创造一个可以自由表达情感的空间。一件卓越的雕塑作品能跨越年龄和文化差异，与观者进行一种无声的对话。在当代艺术实践中，雕塑家们正致力于将人性从被忽视的边缘重新带入人们的视野。

第二节
城市公共壁画艺术设计

一、城市公共壁画概念探析

21世纪初，壁画更多地被纳入中国城市的公共空间设计，它与城市的发展，尤其与现代型城市的发展正在形成某种"相随相伴"的状况。也就是说，当下城市公共空间的壁画已经成为城市文化环境的一部分，并被大多数人喜爱。

那么何谓壁画？顾名思义，壁画就是绘制在建筑物的墙壁或天花板上的图画。而城市公共壁画主要是指城市公共空间中的壁画，它主要在广场、车站、机场、地铁、纪念地等开放的公共场所，其基本特征就是开放性。值得一提的是，随着现代文化的发展，"城市涂鸦"，即那些集中成片的有规模的墙上涂鸦，也应作为公共壁画的一部分，因为它们的性质符合壁画这个概念，这是现代文化与现代城市发展的另一种结果。

壁画是一个古老的艺术画种。据记载，早在汉朝时期，人们就在墙壁上作画。现在能看到的传统壁画，多半是在石窟、墓室或者寺观的墙壁上。今天，壁画这门古老的艺术更多地被引入城市公共环境，它与城市正在发生更多的联系。事实上，当下城市公共空间的壁画已然成为城市的一种人文景观，两者的发展脚步相连也就是很自然的事了。

城市公共壁画是城市环境的一部分，也是现代城市生活的一种"生态环境"，其第一要素就是面向大众，这是理论上城市公共壁画最基本的概念，即城市公共壁画的"社会大众形态"。而传统壁画主要是在石窟、墓室或者寺观里，是特殊场合与宗教和道德的结合物，供来者仰慕。

城市公共壁画作为一种结合物质形态与意识形态的艺术形式，兼具物质与精神的双重功能，这两者既独立又相互依存。古人赞美壁画能够教化人心、辅助伦理、洞察微妙以及展现神韵，而今人们推崇壁画则更多是因为其美化环境、陶冶情操的效果。

城市公共壁画通过艺术创造的想象力，跨越了由建筑所界定的城市公共空间，同时借助特定的建筑环境发挥扩展效用。这些壁画能够在特定场所营造出富有精神内涵的空间，让人们感受到从神圣、庄重到严肃、神秘，再到开阔、放松、欢快，甚至是压抑的多样情感氛围，直接作用于公众的思想、情绪与行为，展现出其作用于社会的一面。❶城市公共壁画随着时代的演进而不断演变，其承载的功能也变得更加多元。它们可以纪念历史事件和杰出人物，象征成就和目标，成为纪念性的艺术表达；可以叙述现实和地区的问题，进行思想交流和宣传，发挥宣传性的作用；具有美化和转化环境的能力，作为装饰性艺术存在；能够调节生活节奏，吸引人们的注意力，提供娱乐和审美的享受；还可以作为特定空间的标识，提示和强化空间的功能。总体来看，城市公共壁画的作用不仅限于审美，还包括认知、教育以及更多其他功能。由于人们生活在特定的社会文化背景中，对壁画的需求各异，导致壁画的功能不断细化和融合，形成了多样化的壁画风格。因此，壁画被视为文化和社会的重要标志之一。

---

❶ 崔松涛、王宇石：《公共空间与公共艺术》，黑龙江美术出版社，2007，第113页。

二、城市公共壁画的艺术特性

（一）城市公共壁画是环境中的空间艺术

城市公共壁画是建筑设计的继续，在公共空间中扮演着强化、突出使用功能的角色，并用图像或符号来表现这种深刻的关系。不过，城市公共壁画与公共空间之间的关系并非简单的机械相加。城市公共壁画是环境艺术的重要组成部分，对环境的塑造极为关注，竭力将思想情感通过环境展现，同时采用多样的艺术策略强化其情感共鸣。因此，壁画家、设计师不应该孤立地把城市公共壁画作品作为目标，而应该从文化的视角来注视人们的生活空间，根据环境所必需的物理的、心理的、生理的感受，引进综合性的设计，更注重综合性的意义、环境的整体性、艺术与工程技术的结合，以及人们与场所空间的关系。

（二）城市公共壁画是包容性的装饰艺术

城市公共壁画，不是指一个画种，而是一种公共艺术现象和形态。从设计创作组合的成员来源来说，它包括各个绘画门类以及画种的众多艺术家，是建筑家、画家、雕塑家、设计师、工艺师等专家结集的产物，是一种特殊的边缘学科艺术行为，是使用了多种艺术工艺的艺术表达，因而体现出了兼容并蓄的特点。此外，城市公共壁画的包容性还体现在它面向大众，接受大众的一切评价；它处于更新和变化当中，可以容纳许多元素的增加和减少，其本身也由于体量较大可以尝试多元化的设计风格、多形态的设计要素。另外，对于风格多样的城市公共空间而言，不论什么样的壁画似乎都不会十分突兀，其与环境的关系也有着包容的特性。

三、城市公共壁画不同类型的制作工艺

城市公共壁画从本质上来说是一项十分考验技艺的美术活动，每一个环节的工艺都需要仔细把关。从步骤上来看，城市公共壁画大致分为两个阶段，第一阶段是画面设计，画面设计的完成，提供的仅是一张图纸，只能算是完成了整个创作过程的一半；第二阶段则是通过材料工艺、技术的综合发挥最终完成壁画作品。随着科学技术的进步发展，制作壁画的新工艺、新材料不断涌现，这些材料和工艺与装饰绘画紧密联系，又会产生装饰画的新品种，使得城市公共壁画可以根据材料和工艺被分为很多类型。下文将从制作和工艺的

角度阐述不同类型的城市公共壁画。

（一）陶瓷城市公共壁画

陶瓷美术是我国古老的传统工艺之一，但将这一元素应用在城市公共壁画中只有几十年的历史。陶瓷城市公共壁画是一个较笼统的说法，陶和瓷实际上是两大工艺类别，属陶类的装饰画有三彩、釉下彩、紫砂浮雕等；属瓷类的装饰画有釉上彩、釉中彩等。因品种多样且篇幅限制，此处主要论述釉上彩瓷板城市公共壁画。

制作釉上彩瓷板城市公共壁画需要使用高丽纸、复写纸、毛笔、板刷、海绵、脱脂棉、樟脑油、瓷板、颜料等材料与工具。釉上彩颜料种类比较齐全，大约在30种，其中尤其以红色类釉色较为鲜艳光亮，在陶瓷装饰画中独具特色。

具体制作时，应先将小稿按瓷板比例打格，然后放大在瓷板上，用淡墨在瓷板上勾线，之后施以釉色。为了釉色准确，最好先烧制一套色标，对配色的比例、厚薄及温度有一个翔实的了解。着色包括点染法和拍染法，可根据画面要求进行选择。

点染法与绘画中的点彩画技法相似，它的特点是色彩厚重、色层变化丰富、有跳跃感、视觉肌理明显。点染法除用毛笔点以外，还可以用其他材料如丝瓜络等，作为工具进行特殊效果的点染。拍染法即用毛笔涂色之后，在色釉未干时用海绵轻轻拍打色面。它的特点是色彩均匀、过渡自然、无笔触、色彩变化微妙、表现细腻。

把全部釉色上完后，即可入窑烧制，一般温度在780°~830°。烧成后瓷板的颜色表面有光泽，色彩通常比烧前鲜亮。如发现局部有几块瓷板色彩不理想，可重新补色再烧，也可更换瓷板，直到满意为止。但重新补色再烧的次数不宜太多，以免烧裂。

上墙时，墙面一定要用水泥沙浆抹平，并保持表面粗糙，待干后即可安装瓷板。瓷板在上墙之前先用清水浸泡吸水，并把墙面淋湿，然后背面涂上泥浆（比例为10份水泥、1份107胶），依顺序由下往上、由中间往两边安装，为了平整可放线找齐。最后，勾缝清理、擦净画面（勿把泥浆留在画面上），安装过程便可结束。

陶瓷城市公共壁画作为一种具有创新性质的壁画，具有以下特点。第一，持久性。这是因为陶瓷材料耐久性强，能够抵抗较为恶劣的天气和时间的侵蚀，所以这种壁画能够长期保存，成为城市的长久记忆。第二，环保性。陶瓷材料本身是环保的，不会对环境造成污染，符合现代城市可持续发展的理念。第三，色彩鲜明。不同于亚光材料，陶瓷上色之后颜色通常会比上色之前更有光泽，也更加鲜艳，因此会营造出很惊艳的视觉效果，尤其是在不同光线的变换之下，能够带给观看美妙、多变的视觉体验。

（二）马赛克镶嵌城市公共壁画

马赛克镶嵌工艺，是一种比较古老的装饰工艺，它是英文"mosaic"的译音，即"镶嵌砖"之意。它的历史可追溯到距今2300多年前的古希腊时期，那时的人们已经在建筑中使用马赛克镶嵌并把它作为重要的装饰手段。今天，这一古老的艺术依然以它独有的工艺特性及装饰效果为人们所喜爱。马赛克镶嵌画很好地发挥了色彩的空间混合之特性，观者在不同的视距可看到不同的色彩层次：近看色彩丰富，远看色彩统一。此外，马赛克镶嵌画还具有坚固、可清洗、不变色、易修复等特点，十分适合放置在室外环境。在镶嵌艺术的大家族中，除马赛克之外，还有许多镶嵌材料，如玻璃、玉石、金属片、木片、骨片，甚至于麦皮、果壳等，五花八门，应有尽有，它们在镶嵌效果上都很有特色。此处，仅阐述马赛克镶嵌城市公共壁画的工艺制作。

一是材料的选择。马赛克料片通常有两种：一种是瓷片马赛克，另一种是玻璃马赛克。瓷片马赛克分为有光片与亚光片、规则形与不规则形，玻璃马赛克有光泽、色彩鲜艳晶莹。马赛克镶嵌画除了需使用上述材料外，还需要准备的材料有糨糊、牛皮纸、钳子（用来加工不规则的料片）。

二是制作工艺。先要根据材料特性制定画稿，画稿完成后按预定尺寸放稿（用牛皮纸），并在纸上标出马赛克料片的排列方向、颜色区域及总体形态。做好这些前期准备工作，具体制作时才不会有太大的偏差。具体而言，应先将放大稿绷在地上，根据画稿图形及颜色，把涂有糨糊的马赛克料片按标记贴在纸上。贴时注意料片之间的距离要均匀、缝隙大小要一致。待全部贴完后，把画面按合适的尺寸和大小分行成块，裁下并统一标上编号。再用另一张牛皮纸把马赛克画面从正面蒙糊起来，粘牢后再反过来把画面背后的牛皮纸浸湿揭去，再次统一编号，然后就可以准备上墙了。

墙面需用水泥砂浆做底找平，注意保持表面粗糙。待干后在墙上放线、打格、编号。上墙时，用水泥加107胶按比例配制涂在墙上，不满涂，而是局部一块块完成。接下来将预先粘好的画面对号贴在墙上，秩序是自下而上，由中间往两边，要特别注意接缝处的吻合。待水泥基本凝固后，用水把表层的牛皮纸剥去，这时画的全貌就显露出来了。因此时墙面还是半干状态，作者还可对画面进行一些局部的调整更换。最后用白色水泥浆勾缝，清洗整幅画面。至此，一幅完整的马赛克镶嵌城市公共壁画就全部制作完成了。

马赛克镶嵌城市公共壁画虽然制作过程较为复杂，但其往往能以独特的艺术形式和材料特性成为城市公共空间中一道亮丽的风景线。具体来说，马赛克镶嵌城市公共壁画具有以下特点。第一，色彩效果绚丽且持久。马赛克由小块瓷砖或玻璃组成，因为反光、折射等材料特性能够创造出丰富多彩的视觉效果。同时，马赛克所用的材料稳定性也比较强，能够长时间保持色彩鲜艳。第二，艺术表现力强。马赛克的多样性使其能够表现从抽象到具象、从细微到宏大等各种主题，艺术家可以通过不同形状、大小和颜色的马赛克片来创作出富有层次感和深度的作品。第三，与陶瓷城市公共壁画一样，马赛克镶嵌城市公共壁画使用的材料也通常是可回收的，环保性较高，符合低碳发展、可持续发展的理念。

（三）漆工艺城市公共壁画

漆画作为一个画种，是在传统漆艺的基础上发展起来的。因此，它具有漆艺与绘画的双重特性。中国是世界上产漆最多、用漆最早的国家，传统的漆艺文化历史久远，可追溯到2000多年前的战国时期。传统漆艺为今天漆画的发展奠定了坚实的基础，现代科学技术、工艺材料的产生发展又为漆画创新提供了多种选择和可能性，拓宽了漆画的表现形式，促成了漆工艺城市公共壁画的诞生。此外，漆画所具有的耐久性、抗酸碱、防潮、防腐等特性也深受人们的喜爱。

漆工艺的材料一般可分为天然漆和化学漆两大类。

在天然漆中，又可以分为大漆、果漆等。大漆是天然树脂漆，漆色黑，半透明，漆性光洁、沉稳、温润。但以大漆为材料制作漆画，加工工艺复杂。首先要有阴房，才能保证大漆在湿润的空气中自然阴干。其对阴房内的温度和湿度的要求都十分严格。果漆也是一种天然树脂漆（又叫小漆），漆色较大漆浅，呈棕红色，透明无毒，并可在空气中自然干燥。其工艺制作简便，价格便宜，是漆画中最为常用的漆。

化学漆是近代工业产物，漆画中所用的化学漆，主要是指685聚氨酯清漆。这种漆漆色透明度高，易干。用它做壁画，颜色还原性好，不过在某种程度上缺少大漆的沉稳厚重之感。

除了漆料，漆工艺壁画所需的其他材料主要有各类色粉，如朱砂、丹红、石青、石绿等。此外还有金、银、铜、铝的箔、粉、片、丝，以及螺钿、蛋壳、贝壳、骨头、桐油、松节油、瓦灰等。在工具方面则需准备漆刷、漆笔、牛角刀（调漆用）、刻刀、丝瓜络、水砂纸等。

漆工艺城市公共壁画常见的工艺技法有绘、刻、嵌、磨、堆、涂六大类。不同的工艺技法打造的工艺效果不同，一幅漆工艺城市公共壁画可以单独用一种工艺全程绘制而成，也可以搭配几种工艺来营造不同的视觉效果。此处以磨漆工艺为例，阐述其制作过程和方法。

先是过稿。将背面涂有白粉的画稿覆在漆板上过稿。在预先准备留白的部分，用蛋壳嵌贴（蛋壳需提前把内皮剥去），然后在无须留黑的图形部分涂漆并撒上一层铝粉。待干后，把复写纸放在画稿下，在铝粉上印出所要表现的图形。然后是刻线、找形、上颜色。漆画的颜色，是用色粉调入一定量的果漆和松节油混合而成的。需要罩染的颜色可多加些松节油，使其稀释透明。为了制造画面肌理，可把所用的颜色制成各色漆粉，均匀地撒在涂好漆的底子上。画面中，不同的色块是分阶段一块块地制作的。待所有颜色画完干透后，再统一罩上数遍透明果漆，待干。之后是打磨。这是一道技术性很强的工艺，也是磨漆工艺的关键工序。画面是否平整、形的虚实明暗、色彩的层次与沉稳等，打磨都起着决定性的作用。打磨的方法是，用水砂纸沾水在画的表面反复摩擦，要边打边看，注意力量。打得不够，效果出不来，打过了头则无法补救，所以要恰到好处。最后是推光。将细砖灰加少量食用油搅拌而成的油灰放置漆板上，用手掌沾上油灰在漆板上反复推磨，直到板面光润达到满意为止。至此，磨漆壁画的整个制作过程就完成了。

漆工艺城市公共壁画有着独特的艺术表现和工艺技术，能为城市空间带来独特的视觉享受。具体来说，漆工艺城市公共壁画具有以下特点。第一，传统与现代结合。漆工艺是一种古老的艺术形式，其与现代城市公共壁画的结合本身就是一种传统与现代的碰撞，同时其背后主导的现代的设计理念与设计思路，可以让更多人看到漆工艺更多的可能性。第二，丰富的表现效果。漆工艺不仅能够绘制出各种各样的颜色，而且具有多种工艺手法，每一种手法绘制出的纹理都不一样，因而营造出的效果也各不相同。此外，漆工艺的质感也十分丰富，有平滑、粗糙、光泽或亚光等多种选择，能在一定程度上增强壁画的立体感和艺术表现力。第三，工艺复杂。漆工艺涉及多道工序，包括底漆、上色、打磨、抛光等，再加上城市公共壁画大多体量较大，每一步都需要精细的工艺和耐心，这也保证了每一幅壁画都是独一无二的艺术精品。

（四）绘制类城市公共壁画

绘制类城市公共壁画的历史由来已久，是一种比较典型的壁画制作方法。我国历史上的敦煌壁画、首都机场壁画群大多采用了手工绘制的方法。国内绘制大型壁画往往采用我国传统的工笔重彩技法，古代都采用天然矿物材料和植物材料，现代则多采用丙烯颜料。国外则采用类似绘制油画或水彩画的技法来绘制此类城市公共壁画。

这种类型的壁画常使用的材料和工具有丙烯等速干颜料、调和液、亚麻布、乳胶钛白粉等。常用的绘制方法有两种，一种是先做好画板，绘制完成后分块安装上墙；另一种是在墙上预先做好画板，直接在墙上作画。还有一种不常用的方法，即直接在水泥墙上或特制的墙上作画，但这种方法所需的底子干燥期较长，加之壁画与建筑装修通常要求同时完工，而新建筑的墙面上往往含有大量水分，会使壁画颜色起翘乃至脱落，因此这种方法并不常用。

画板的制作方法是先按墙面的尺寸做好木板，如需分块，则必须注意尺寸的选择，否则存在无法将画运出画室大门与进入安装现场的可能。同时，应在每块木板上下左右四边各减少二至三毫米，为画布的装裱留下余地，同时也为防止木板意外变形留下微调的空隙。木板的龙骨应控制在60至70厘米，不要为了节约而减少木龙骨的密度，否则在丙烯颜料和画布的强大拉力下木板会变形。龙骨做好后，上面用高质量的多层胶合板封贴，因为质量较差的胶合板在绘制过程中不断受到水的浸泡，极易使板层脱胶而分离，从而在画的表面形成凸包，影响视觉效果。

画板做好后，应用水将画布浸湿（也可用干布），然后在木板上均匀地刷一遍乳胶，注意不要过稠，然后用硬的棕刷把画布平整地裱上去，并把气泡赶掉。画布应裱到木板四周侧面，为防止画布开胶出现裂缝，可用射钉或圆铁钉固定一下，待其干燥后便可以做底子。直接做在墙上的画板，将龙骨固定于墙上，然后用胶合板封贴即可。这种方法可免去壁画运输、安装的过程，减少画面的损坏，绘制时整体效果易于把握，但需安装脚手架，绘制亦有一定困难。

底子的做法有许多种，最常用且经济的是乳胶加入立德粉或钛白粉用水调匀后刷涂。底子的厚薄视画布纹理的粗细与画面效果而定。❶ 一般应刷3遍以上，每次要刷得薄而均匀。底子中也可根据画面色调加入相应的丙烯色做成色彩底子，以使画面色调统一，并减少绘制中颜料的浪费。

做好底子后便可以把画稿放大到画板或墙壁上去。简单些的可直接放大；复杂的稿子，可先将它拍成幻灯片，然后用幻灯机放大，如有条件亦可用投影仪放大。这样做是非常精确的，能够保证设计稿与放大稿的一致性。放完稿子后就可以勾线或着色了，具体做法则取决于画稿的设计。

丙烯壁画的绘制有许多值得注意的点。

第一是丙烯颜料干燥后会结成一层薄薄的膜，而且不溶于水，因此宜用多层画法。每块颜色要画4遍以上才能达到相应的饱和度。著名画家袁运甫先生经常教导学生们要画20遍以上，这话是中肯而有道理的。他在十五年前绘制的《巴山蜀水》大型丙烯城市公共壁画便使用了多层画法，在十五年后的今天，这幅画的色彩看起来仍然是饱和与无可挑剔的。

---

❶ 吴卫光主编《公共艺术设计》，上海人民美术出版社，2017，第84页。

第二是壁画绘制完成后，可在表面均匀地涂一层或两层经稀释后的丙烯上光剂。这种上光剂分为有光与亚光两种，具体采用哪一种，视壁画的要求而定。它的基本作用是尽可能保持画面与空气隔绝，从而减小褪色与污染的可能。还可提高色彩的明度与纯度，同时为画面的清洗提供了方便。

第三是丙烯颜料的防水特性是中国传统绘画颜料无法比拟的，故这种材料在壁画绘制中颇受艺术家喜爱与青睐。虽然油画颜料也具有防水特性，但它的绘制过于麻烦，干燥期过长且反光太强，故不宜采用。

绘制类城市公共壁画具有以下特点。第一，色彩鲜明。丙烯颜料色彩饱和度高，所绘壁画往往呈现鲜艳夺目的视觉效果，适合在户外环境中长时间展示。第二，快干性。丙烯颜料干燥速度快，适合大型壁画的快速创作，能在很大程度上缩短创作周期。第三，耐候性强。丙烯颜料具有良好的耐候性，能够在一定程度上抵抗紫外线、雨水和温度变化等自然腐蚀。第四，创作自由度高。丙烯颜料在色彩调配方面具有无限可能，艺术家可以自由调配，再辅以不同的技法，如点彩、渲染、刮涂等，创作出风格各异的壁画。第五，易于维护。丙烯颜料壁画相对容易维护和修复，出现褪色现象可以及时修补。第六，适应性强。丙烯颜料可以应用于多种材质表面，如墙面、木材、金属等表面，这同时也增加了壁画的适用性，使得城市每一个角落都能出现色彩斑斓的壁画。

四、城市公共壁画的设计过程

城市公共壁画设计制作的全过程是根据委托人（私人业主或者政府工作人员）的要求，利用一定的材料及相应的操作工艺，按照艺术的构想与表现手法来完成的具体来说，城市公共壁画的设计包括选题与构思、色彩与处理两个阶段。

（一）壁画的选题与构思

选题是从委托人和使用者的命题范围来着手的。有的委托人则直接出题，在构思完成后，利用艺术家的表达方式表现出来即可。而构思一般分为两个方面，一是以理性思维为基础，对建筑载体的内涵进行直接阐述与强调，重视场所精神的事件性和情节性，带有纪念和引导意义；二是非理性的表现，这类壁画大多从表达设计者情感出发，想象表现一种理想和意识，强调装饰效果，是一种带有唯美色彩与抒情性的设计，注重视觉效果对建筑物外部环境的形、质、色等视觉因素的补充和调整。

在城市公共壁画的选题与构思中，设计师还要不断地从古今中外的文化财富中吸取营养，研究壁画与建筑墙体形态的变化关系，并与当地文化特征和现实背景相适应，或者依据特定公共空间功能展开构思。

（二）壁画的色彩与处理

在现代城市公共壁画设计中，色彩处理直接关系到壁画的装饰性效果。普通的绘画较多地表现出个人风格，允许采用个性化、个人偏爱的色彩，而在壁画设计中，色彩要更多地体现环境因素、功能因素和公众的审美要求。在具体的设计中，城市公共壁画的色彩处理要考虑四个方面的因素。

第一，应高度重视色彩对人体感官、生理机能及心理状态的深远影响，并细心体察色彩所触发的联想与情感共鸣。例如，在纪念馆、博物馆及展览室等场合，壁画设计常选用低亮度、高饱和度的色彩组合，以营造出一种庄重、沉静、稳固及充满神秘感的氛围；在公共娱乐场所、休闲场所、影院、公园、运动场、候车室中则多以热烈、轻快、明亮的色调为主，并适当使用高明度、高纯度色调，从而营造出欢快、愉悦、活泼的气氛。

第二，不能满足于现实生活中过于自然化的色彩倾向，要思考如何来表现比现实生活更丰富、更理想的色彩，从而实现它的装饰性功能。

第三，色彩设计应紧密围绕壁画的主题进行，积极调整色彩的表达效果。通常会运用色彩所共有的联想与象征含义来深化并丰富主题内容，从而使环境呈现出更加美观与舒适的状态。

第四，壁画的色彩构思需全面审视其周遭环境，注重结构的整体性，将壁画各个部分及其变化与整体画面有机融合，以达到氛围的自然和谐。同时，色彩设计也是调节环境的重要手段，通过合理选取与运用不同色彩，借助其独特的视觉效果，对生硬单调的建筑空间进行软化处理，使之更具人性化特质。

第三节
城市装置艺术设计

一、城市装置艺术概念探析

装置艺术是一种兴起于20世纪初的西方当代艺术类型。装置最初用于工业设计，包含装配和并置的含义。目前装置艺术是指艺术家在特定的时间、空间中，将人们日常生活中已消费或未消费过的物质文化实体，通过艺术性的有效挑选、利用、拼贴、改编，形成一个新的艺术形态，来展示丰富的精神文化意蕴。装置艺术强调的是组装、构建和规划的过程，艺术家运用多样的媒介和材料，在特定的空间中打造出富有文化象征意义的作品。作为一种通过"物"来传达"情感"的艺术形式，装置艺术将普通物品经过精心挑选、重新组合和解构，转化为具有新意义的物体和空间布局，以此传达艺术家的思想情感，使观者产生思考与情感共鸣。

城市装置艺术具有与装置艺术一致的制作方法和特性，其独特之处在于城市装置艺术是发生在城市环境中，以美化城市环境、陶冶市民情操、彰显城市特征等为目的的装置艺术。其往往与特定的城市文化和地理环境相结合，反映当地的特色和精神。

二、城市装置艺术的特点

（一）环境性

城市环境对装置艺术特性的表达起着重要的作用，装置作品的一个重要表述内容就是其所在环境。不论是城市哪个角落的装置艺术都应该创建一个能使人置身其中的室内或室外的三维环境，从而给人心理暗示并和人进行互动，这是其他单体建筑无法实现的。例如，设计师贾尔斯·米勒（Giles Miller）的装置作品《半圆球体》（Peny-Half Sphere）就是一个非常出色的城市装置艺术设计。该公共装置作品展出于英国雀山雕塑公园，由数百个不锈钢硬币形状的零件穿插在胡桃木框架内组成。装置通过光线反射而形成巨大的发光体，与环境融为一体，引发数字化的效果。环境性也可以理解为整体性，强调作品与环境的协调一致，强调装置中的元素与大环境（时空）的协调。

（二）交互性

在城市装置艺术产生的过程中，物与人、空间与人、人与人都存在着情感和肢体的交流，这正是其交互性的体现。具体来说，这种交互性又可以体现在两个方面。一是物理层面的互动，也就是公众在城市公共空间中与装置艺术的直接接触，如可供触摸的雕塑、具有艺术设计感的座椅、供人们休息娱乐的装置空间等。二是心理层面的互动，也就是观念的传递与思想的碰撞。艺术家在创作这些装置作品时，往往会将自己的思想感情或者特定的理念赋予其中，而当这些被赋予了一定思想理念的装置作品进入公众视野当中，公众便融入了艺术家创造的氛围之中，不自觉地受到其影响，与周围环境产生情感共鸣，与创作者的思想共振。

（三）包容性

　　城市装置艺术是非常开放与包容的艺术，它自由地结合绘画、雕塑、建筑、音乐、戏剧、电影、诗歌、摄影、舞蹈、录像等各种艺术类型，运用一切可以使用的创作手段，使用一切可以使用的材料，并通过人们的感官、情感等一切感知手段来完成设计，以营造出最好的装置效果。因此，城市装置艺术并没有固定的创作模式与展示方法，也不限于用某种技法、材质来表现作品。

　　与此同时，随着时代的发展以及艺术家视野的开阔，城市装置艺术与其他学科的融合与交汇也越来越广泛、越来越频繁，心理学、生物学、化学、物理学、数学等多学科知识都可能在城市装置艺术当中体现。近年来，信息科技高歌猛进，影响着社会的方方面面，城市装置艺术中也随之融入了计算机软件技术、互联网技术、人工智能等新兴技术手段，展现出极强的包容性和创新性。

　　从功能方面来看，融合了多种艺术表现形式、多学科知识的城市装置艺术也表现出了更大的作用，不再限于改善环境、提升生活品质。科技元素的融入使其从单纯的装饰性角色中蜕变出来，开始更积极地参与到人们的日常生活中，甚至可以以十分智能化的方式观察公众的需求，自动作出相应的调整，也就是说，城市装置艺术的艺术构成和艺术表达会随着时间、参观者介入的反作用以及自然元素等因素的影响而进行变化和延展。

（四）隐喻性

　　随着城市装置设计的艺术性逐渐强化，许多设计师在设计的过程中都会花很多心思，以设计出耐人寻味的设计作品，因此许多设计就有了隐喻性。例如，设计师以儒勒·凡尔纳（Jules Gabriel Verne）的科幻故事为灵感创造出城市装置艺术作品"布尔运算符"（Boolean Operator），在故事中，那些通往地球中心、海洋深处和月球表面的路线，只有通过人们的努力发现才能找到。这个装置可以激发人们的探索欲，其双曲面结构不会产生规则的阴影，也不会给游览者提供过多的信息来感知它的尺度或深度，由此理解空间的唯一方法就成了通过它。蜿蜒的小径不仅仅是一种设计，更是由一道光线所产生的暗示，绘制在这探索欲望的地图上。

（五）地域性

　　18—19世纪，英国的风景式造园运动首次提出"地方精神"这一概念，引起了许多艺术设计师对于本土文化、地域特色的关注。从现实角度来看，对于城市装置艺术设计来说，地域性也是一个必要的考量因素。因为，城市装置本身是基于城市特点来设计的，没有城市也就没有城市装置艺术，根据城市而生的艺术，自然具有城市的地域性特点。❶

在具体设计城市装置艺术过程中，首要考量的也是地域环境、自然条件和季节气候，不同的地理环境应采取不同的设计策略。例如，在四季温差较大的东北地区，应避免使用包含水流元素的配件；在多雨潮湿的南方地区，则需选择耐潮湿、不易腐蚀的材料，如避免使用木材等。此外，一个地方的历史传统、民俗风情等也是需要考虑的。设计师在作品中巧妙地融入这些元素，不仅彰显了城市文化，也可以使市民产生亲切感。总之，作为一种依附于城市的艺术形式，城市装置艺术需要根据城市的地理特征、人文特征来设计以符合城市的发展要求。

三、城市装置艺术的分类

（一）按媒介分类

1. 传统媒介装置艺术

传统的城市装置艺术是以对现成品的利用、拆解、加工和重组为主要特征。当代城市景观装置创作在沿用这种创作理念的同时，进一步突破尺寸、材料、技术和功能的限制，更加自由地运用现成品或传统媒介（木、石、钢、玻璃、塑料等）进行集合创作。例如，经典的城市装置艺术作品《雨伞大道》将三千多把色彩绚丽的雨伞悬挂在葡萄牙阿格达的主要街区之上，营造出爱丽丝梦游仙境一般的斑斓景观。

2. 新媒介装置艺术

新媒介装置主要是指将声、光、电等新型媒介与数字化、虚拟化等电子软件技术相结合，在城市公共空间中创造出的具有新颖视效、交互体验的空间装置作品。新型媒介作为艺术设计与创作表达的当代化语言，充满了科技性、前瞻性和探索性，让艺术与设计呈现出更加丰富的表现形式、内涵及社会影响力。奥拉维尔·埃利亚松、詹姆斯·桑伯恩、布鲁斯·蒙罗、丹·罗斯加德等艺术家都是新媒介景观装置创作的先行者。

例如，荷兰艺术家丹·罗斯加德在为阿姆斯特丹中央火车站设计《彩虹车站》作品时，与科学家合作，运用液晶膜开发了一种采用"几何相位全息"技术的滤光片。通过将4000

---

❶ 姜子闻：《装置艺术介入城市公共艺术及其交互性研究》，博士学位论文，江南大学，2022，第39页。

瓦的聚光灯照射在滤光片上，光线被散射至车站的玻璃窗。滤光片的高效散射能力，能够分离出白光中的所有光谱色彩，创造出一个如梦似幻的彩虹效果。

新媒介城市装置创作中，艺术家如同一位师法自然的光影魔术师，制造出绚丽夺目的奇妙效果和艺术语境。视觉、触觉、听觉、嗅觉甚至是味觉等综合感知的创造将会弥补传统艺术形式在感官性和参与性上的缺失。它符合当代公共艺术发展的趋势，也使得城市公共艺术呈现出更强大的生命力。

3. 观念性装置艺术

近年来，一些当代艺术家主动地将观念性艺术与城市户外空间结合，以装置的方式构建个性化的情景空间，以创作出能够使人心灵受到震撼的作品。如西野达郎创作的《战争与和平之间》《鱼尾狮酒店》等。在《战争与和平之间》中，艺术家对悉尼某艺术馆外的两尊纪念性雕塑进行空间围合与场景设置，改变了大众对于经典雕塑的观赏方式的同时，赋予了观者截然不同的视觉感受，旨在将经典纪念性雕塑从人们"过于熟悉而无视"的状态中拯救出来。在《鱼尾狮酒店》中，作者围绕新加坡标志性雕塑《鱼尾狮》搭建起豪华型酒店房间，极具现代意味的红色外观以城市新景观的面貌闪现在人们的视线中，同时大众也在非同寻常的内部造景空间体验中感受着荒诞、冲击与震撼，整个作品凸显出新加坡的旅游文化与城市精神。

（二）按时间性分类

1. 临时性装置艺术

迄今为止，装置艺术作品大多仍处于临时构建的公共空间环境之中，尤其频繁地展现在诸如展览会、音乐节、嘉年华活动及设计竞赛等各种时效性显著的场合。临时性装置艺术通常具有较高的灵活性，可以根据不同的事件或节日进行快速安装和拆卸。此外，这类艺术作品往往围绕特定主题或事件设计，具有较强的时效性和针对性。相比长期性装置艺术，临时性装置艺术材料和制作成本相对较低，设计师更加注重创意和视觉效果。

2. 长期性装置艺术

与临时性装置艺术相对的是长期性装置艺术，这种装置艺术作品从一开始考虑的就是要让该设计不会过时或损坏而长久地展示在城市环境中。这样的设计通常具有以下特点。第一，持久性。长期性装置艺术使用的材料和构造方法要能够经受时间的考验，包括各种天气条件和日常磨损。第二，文化底蕴。要想城市装置艺术长久保持，其设计首先不能以某一段时间的社会热点或社会风尚为出发点，应该选取一些已经经过时间考验的设计元素作为设计基础，如城市历史、城市文化等，使最后设计出的作品能够承载或反映城市的文化、历史和社会价值，成为城市文化的一部分。第三，标志性。优秀的长期性装置艺术作品往往成为城市地标或象征，为城市增添独特的身份和记忆。

不论是长期性装置艺术作品还是临时性装置艺术，它们都是城市公共空间中的重要组成部分，不仅能够美化环境，还能够促进民众参与和文化交流，对提升城市形象和居民生活质量具有重要作用。

四、城市装置艺术的设计原则

（一）安全原则

作为城市公共空间中的组成部分之一，城市装置艺术设计必须遵循安全原则。城市装置艺术设计是面向广大市民的，一旦装置结构不稳定、装置材料不达标，将会带来无法估量的影响，因此设计师必须首先考虑安全性。这包括但不限于以下七个方面。

第一，保障设计作品结构的稳定性，确保其能够承受预期的负载和环境影响，防止倒塌或损坏。第二，材料选择上，应使用无毒、不易燃、不易腐蚀的材料，避免对观赏者或环境造成伤害。第三，涉及地面的装置设计，应该做到防滑和防摔，在可能接触水或油渍的表面使用防滑材料，确保人们在潮湿或光滑的表面行走的安全。第四，边缘处理，装置的边缘和角落应做圆滑处理，避免尖锐或锋利的部分造成割伤或撞伤。第五，在设计时应考虑紧急情况下的疏散路线，确保危险发生时人们可以迅速安全地离开。第六，在需要的地方设置明显的警示标识，提醒使用者注意潜在的安全风险。若装置中存在互动装置，还应该设定明确的使用指南和限制，防止不当使用造成的伤害。第七，设计师还应该考虑到弱势群体的使用，避免运用可能对儿童构成危险的元素，确保装置艺术对残障人士友好，例如提供轮椅通道或盲文说明等。综合考虑这些安全设计原则，在装置设计安全的基础上再考虑艺术性元素的运用，确保城市装置艺术既美观又安全，为市民提供一个既富有艺术感又安全的公共环境。

（二）空间合理利用原则

城市装置艺术需要放置在有限的空间中，因此需要实现对空间的合理化利用，要求设计师基于空间实际以及设计思路进行细致的规划和系统化的布局，包括景观元素的摆放、结构间的链接、功能设施的分布和划分、文化元素的设计等。这是一个多维度的、涵盖多个方面的问题，需要根据不同公共空间的特性采取灵活的设计策略。例如，为街道或商业区等人流密集的区域设计装置，相关作品应该充分利用周边环境元素，与建筑形成呼应，引导人们的视线流动，还可以灵活安排装置的摆放位置来实现分流，避免人员过多时发生踩踏事故等。总之，遵循空间合理利用的原则，能够有效地整合公共空间与城市装置艺术，创造出和谐统一的空间结构，使装置设计与周边元素自然而然地融为一体，形成和谐统一、美观大方的公共空间环境。

（三）可持续发展原则

进入21世纪，人类逐渐认识到社会高速运转给生态环境造成的负面影响。因此，越来越多设计师倡导更加绿色、环保、可持续性的公共环境设计，其中就包括城市装置艺术设计。当前，城市装置艺术设计不应仅仅以满足人类需求为目标，还应该更加注重生态保护和环境的可持续性。

城市公共空间中的装置艺术设计必须以生态保护为核心，遵循可持续发展的原则，在自然与现代之间寻找平衡。除了在材料选用上应该环保，优先考虑可再生材料外，装置艺术设计过程中的可持续发展原则还体现在合理地协调装置艺术与城市公共空间之间的关系，"因地制宜，合理布局"是其根本。这是因为可持续发展的目标是在人与人、人与环境之间建立和谐的关系，实现城市经济发展与资源合理利用的平衡。因此，在形式与功能的探索中，不能以牺牲环境为代价，相反，应充分考虑自然特征，规范资源开发行为，减少对城市生态的干扰，合理规划装置要素。如果自然条件不好，再美丽的装置艺术设计也无法挽回城市形象。

五、不同空间的城市装置设计

（一）广场装置设计

广场设计属于城市设计众多内容之一。城市广场不仅是市民各种活动的载体，还要成为城市文化、城市精神的传达者，将人与人、人与社会、人与自然之间的关系客观、冷静地表达出来，让生活在城市中的人有归属感及与众不同的感觉。例如，西安的大雁塔北广场装置设计，该广场位于西安市的主要交通干道，是典型的唐文化广场。大雁塔北广场的细部设计尽显唐代的历史印迹，非常具有地域特色。

（二）街道装置设计

城市景观的主要构成元素之一是街道，和广场一样，街道也承担着市民公共活动的场所职责。街道形成了公共空间的边界，它与广场不同的是，其空间的狭窄性更适合生活化的装置艺术作品。例如，杭州滨湖国际名品街的改造，该设计抓住了"似曾相识"这一主题，营造出一个带有湖滨特色的全新感受。一条溪流沿商业街穿过，仿佛是西湖的延续，弯弯曲曲的水系打破了商业街呆板的直线型空间，同时又强调了街道空间的整体秩序。板岩驳岸的质朴和自然，让商业空间多了一份生态自然的平和。水边花岗岩块高低错落，粗糙与光滑的表面形成了对比，粗糙的一面成为水系的驳岸，而光滑的一面则成为坐凳，灰、白的基调在和谐中体现着对中国文化的追求。在铺装设计中，设计者利用板岩拼花在管理井上做文章，使原本影响美观的公共设施变成了环境中新的亮点。

（三）居住区装置设计

现代居住区的装置设计，不仅讲究植物质感与色彩的配置，还讲究装置设施的选择、景观构筑物的营造、室外家具与小品设计等，以求实现整体环境的最优化。不同风格的小区景观定位决定了不同的装置设计倾向，居住区景观设计要把握地域文化特点，营造出富有文化内涵和地方特色的小区景观环境。同时，居住区景观应更具备亲和力，注重小尺度和细部设计，塑造出安全、便捷、和谐的居住区景观空间。

当然，多样的外部环境设施、装置要素之间要做到和谐统一，避免各要素之间产生冲突和对立。深圳万科"第五园"作为华南区域的现代中式第一楼盘，尝试了新中式的装置设计，吸纳了岭南四大名园的特点，辅以现代设计理念，通过"古韵新做"的设计手法，以灰、白基调进行构筑。漏墙设计虚实结合，将冰裂纹的传统纹样夹在白墙中形成漏墙，融入传统文化底蕴的同时不留设计痕迹，使居住者身临其境，感受到放松、亲切的氛围，体会到家园的美好。

（四）地景公共艺术装置设计

相比环境装置艺术，地景装置艺术表达的是一种大地景观的诗意化。它试图达到的是对大自然和人类的历史遗迹做一种全新的视觉上的阐释。在现代主义艺术中，地景装置艺术成为影响19世纪八九十年代风景设计的非常重要的因素。纳兹阿拉田野公园（Northala Fields）是英国伦敦一个世纪以来最大的新建公园，也是伦敦西部关口的一座地景装置艺术品。设计师利用伦敦周边开发项目剩下的施工瓦砾建造了小山坡，不仅节省了700万欧元，而且十分美观，具有很好的点缀作用。该地景装置的主要特点是沿着北角建立了四座圆锥形土丘，这一地形减小了来自附近公路的噪声、视觉和空气污染的影响，也通过新的地貌和土壤创造了新的生态。

第四节
城市公共设施艺术化设计

一、城市公共设施概念探析

公共设施的历史源远流长，可上溯至古代用于祭祀仪式的公共空间。古希腊和罗马时期的城市水道系统以及古代奥林匹克运动场，均为早期公共设施的典范。而现代城市公共设施的概念，则在18世纪法国对城市进行大规模改造的过程中得以正式确立。特别是在巴黎香榭丽舍大街的改造工程中，街道两旁新增了街灯、报亭、广告柱和长椅等设施。这次改造非常成功，标志着城市公共设施的建设成为城市发展中不可或缺的一部分。而我国的城镇在宋代就出现了服务于人们生活的各类设施，如五两（测风器，用鸡毛五两结在高竿顶上，随风而转，以观其向）、华表、钟鼓楼等信息设施；坊门、行马、乘石等交通设施；水井、屏溷（路边的公厕，古代道路每隔一定距离，必有公则，称"官厕"）等卫生设施；望火楼等防卫设施等。后来随着城镇的发展，现代意义的城市兴起以后，公共设施变得更加普及，成为城市空间构成中不可或缺的主要元素之一，同建筑、街道等一起构成城市特质，体现了城市生活的价值取向及文化内涵，也是体现城市品位、增加生活趣味的重要设施。

随着社会的发展，城市中公共设施的种类和数量不断增多，各国各地区的专家也开始对城市公共设施从理论上进行研究。英国艺术家克莱尔对公共设施做出了阐释，认为它们是城市中开放的、供公众进行室外活动且可感知的设施。此类设施不仅展现了几何形态与美学价值，还具有公共及半公共性质的内部空间。在中国，随着城市的快速发展，公共设施也在不断增加和完善，人们亲切地称为"城市家具"。这个比喻生动地表达了公共设施像家具一样，为城市生活带来便利和舒适，同时也为城市增添了多样性和趣味性。由此，在功能性得到保障的基础之上，公共设施设计师们开始关注设计作品的艺术性和美观性。

综上所述，城市公共设施是指向大众敞开的，为多数民众服务的交通、文化、娱乐、商业、体育等公共场所的设施、设备。日常生活中常见的有候车亭、座椅、垃圾桶、路灯、各式商亭、公共厕所、公共布告牌等。这些设施为满足人们城市生活而存在，具有明确的服务性质，同时也参与城市景观构成，是现代化外部环境发展的产物，在为人们提供便利的同时在设计外观上追求视觉上的艺术化表达,以愉悦人们的心情。

二、城市公共设施的价值

(一)实用价值

  城市公共设施旨在满足市民在公共空间进行各类活动的需求,随着城市的持续发展,这些设施的种类变得更加多样化并持续更新。例如,公园内的长凳、餐桌及凉亭,为市民构建了宜人的休憩与社交空间;公共汽车站亭,不仅为乘客营造了舒适的候车氛围,还兼具了临时休憩、遮风避雨、等待与防晒的功能,其站牌设计亦便于乘客查阅城市地图及公交信息。此外,公共卫生间、垃圾桶、饮水装置、公告板等设施,均为市民户外活动中的必要服务设施。随着信息化社会的快速发展,街头大屏幕显示屏与多媒体触控式咨询终端等新型设施的涌现,极大地丰富了市民的城市生活。

(二)艺术价值

  公共设施的存在不仅仅是为了满足人们的日常活动需求,扮演着城市"家具"般的角色,它们还是城市景观的一部分,扮演着城市环境中的重要"装饰"角色,对环境美化起到了关键作用。正因如此,推动公共设施的艺术化发展,不仅能提升其功能性,也能增强城市的视觉吸引力和文化氛围。

  公共设施,既实用又具有艺术性,通过其体量、色彩、形态和材质等元素,与城市环境中的其他要素(如绿化、水体、地面铺装)相结合,共同塑造了城市外部空间的氛围,并定义了空间的性格。这些设施赋予城市外部环境以活力和多样性。故而,公共设施在城市风貌构建中占据着举足轻重的地位。尽管其规模有限,但其艺术构思与视觉呈现却深刻影响着城市空间布局的整体质量,且真实映照了城市的经济繁荣与文化底蕴。在欧洲,许多国家和地区都非常注重公共设施的艺术化设计,许多城市设施由著名设计师或艺术家打造,这些设施不仅是城市的标志性象征,也具有极高的艺术价值。

(三)精神价值

  城市公共设施设计的目的就是为人们创造理想的户外生活环境,它方便了人们的户外生活,是因人的需要而产生的,因而是物质的,但它又寄寓着一定的精神内涵,因而也是文化的。因此,城市公共设施既要有实用功能,又要有一定的精神价值。其不仅为场所注入新的内涵,还能表达场所的特性并引导人们的行为,同时在视觉上创造关键的焦点和记忆点。在特定的地域环境中，这些设施能够成为信息交流、意见沟通和休息的枢纽。作为城市景观设计的一部分，城市公共设施在提供空间界定、转换和点缀方面发挥着重要作用，有时甚至成为城市的地标。它们的设计和布局能够增强公共空间的吸引力，形成一种内在的凝聚力，激励人们更积极地享受和利用户外环境。由此得出，城市公共设施若设计得当，有潜力成为集聚能量、散发活力的区域标志，其意义远超简单的室内家具向室外的延伸。

（四）经济价值

在对公共设施的结构及造型进行设计时，可结合现代广告业，例如各种广告牌等，这些公共设施的建设可由广告商承担部分或全部资金，如果管理得好，这些设施还能够提升城市的形象，吸引大量外来投资商，从而带来巨大的经济效益。城市公共设施的这些功能一般都是综合发挥的，但往往因地、因时、因物、因环境，其功能有所侧重。如在城市广场、街头、公园等的雕塑可突出其装饰功能，但换个环境，则可能突出其环境意向和场所精神的功能。另外城市设施还有划分空间领域、作为不同空间过渡的中介、诱导人们行为等功能。

三、城市公共设施艺术化设计原则

（一）以人为本原则

即使是设计艺术性较强的城市公共设施也应该践行以人为本的原则，具体来说不仅应该满足人们的艺术需求，还应该满足人们其他的生理心理需求。

公共设施设计要以满足人的艺术需求为出发点，强调人在城市中的主人翁地位，创造出宜人的活动设施，突出人的审美倾向在艺术化设计中的积极影响。在公共设施设计的各个环节，都要从人的角度出发，要求设计师熟练掌握人机工程学、人的行为心理、人的审美需求等理论知识，并能运用到设计中去，体现设施功能的科学性、合理性和艺术性，如垃圾箱的开口高度就要考虑身高问题，太高和太低都不便于人们抛掷废物，同时也要考虑美观效果，形状和颜色太丑，也会拉低整个环境的美观程度。

（二）因地制宜原则

城市设施与周边环境的关系表现在环境的艺术风格氛围上，地域特征决定设施的艺术特征和性质，设施受制于周围环境，要顺应环境，同环境和谐；反过来，设施又能够强化、突出表现环境特征，提升环境的艺术效果。因此设计公共设施时要对周围整体环境进行综合研究，再对个体设施进行创意设计。每个城市都有各自不同的历史背景、不同的地形和气候，城市居民亦有不同的审美习惯，因而具有不同的审美追求。这就需要设计师们根据城市的不同，设计不同艺术风格的城市公共设施。设计时要与周围环境相协调、与城市风格相吻合，达到与整个城市的和谐统一，突出城市自身的形象，这也是树立城市的整体形象和充分体现城市个性的一个重要途径。若城市公共设施的艺术化设计未能与城市公共环境实现和谐统一与相互协调，非但无法为城市增添光彩，反而可能使城市显得纷乱无序，成为公共空间中的不和谐因素。

城市公共设施的艺术化设计需全面考量气候及地域风貌的深远影响。针对不同气候与地域的特质，公共设施的设计应体现差异化。例如，在北方严寒干燥的地域中，公共设施材料宜择取具备温暖触感的木质材料，并运用鲜明亮丽的色彩，以驱散冬日长夜的沉闷与寂寥。这样的设计不仅能在寒冷季节为人们带来心理上的温暖，还能在视觉上营造出春天的氛围，让人们的心情保持轻松愉快。

世界各地、不同民族和地区的公共设施都深受当地环境和自然条件的影响，这造就了多样化和具有艺术性的城市公共设施。在公共设施的造型和色彩设计中，设计师需要深入考虑这些地域文化的差异，创造出既符合当地传统特色又与环境和谐共存的设施。这样的设计不仅能够让公共设施与周围环境相得益彰，更能凸显出当地的独特风貌。中国幅员辽阔，各民族在历史长河中孕育了独具魅力的建筑艺术，包括北京的四合院、黄土高原的窑洞、江南水乡清雅的粉墙黛瓦以及福建的客家土楼等。在布局这些地区的公共设施之际，设计者需深刻领会并尊重当地的建筑风格，深入剖析其形态特征、色彩搭配及文化意蕴等要素，并巧妙地将这些要素融入设计之中，以达成与周围环境的和谐相融。

（三）注重文化内涵原则

城市中那些承载深厚历史底蕴的空间，时常在人们记忆中留下鲜明的印记，为城市打造独一无二的特色风貌奠定了基础。作为文化传承的一种媒介，公共设施承载着历史和文化的延续。不同历史时期、地域以及民族之间的文化存在差异，这些差异反映在不同时期的生活方式和人们的日常生活习惯中。因此，服务于人们生活的公共设施，自然会受到这些时代特征和生活方式的影响，体现出各个时代和文化背景下的独特性。

如果新构建的公共设施能够精准捕捉并展现城市历史底蕴的精髓，势必能激发公众的情感共鸣，引领他们回溯往昔，从而增强对本土文化的认同与归属感。同时，城市本身和大众的生活方式处在一个持续发展的过程当中，公共设施的艺术化设计也要在对传统文化继承的同时立足当代，融入新的艺术设计思想和手法，设计具有鲜明个性的城市公共设施。例如，一些现代化的大都市，现代化的建筑、街道以及人们快节奏的工作和生活方式，这就需要现代化、舒适、便捷的公共设施与之相对应。

四、城市不同类型公共设施的艺术化设计

（一）休息型公共设施

公共空间中的休息服务系统体现了社会对公众的关怀。休息不单指身体上的放松，还涵盖了思想交流、情绪释放和精神振奋等多维度的体验。休息服务的范畴十分广泛，旨在满足人们在公共环境中的休息需求以及对相关服务的期望，从而提升人们的生活品质。休息型公共设施是人们户外活动中不可缺少的一项公共设施，也是最常见、最基本的"城市家具"之一，不论街头广场、池畔湖边、花间林下、道路两侧等均随处可见造型别致、形式多样的休息设施。这类设施为公众提供最直接的服务，最易体现城市空间的亲切性和可享用性。设有座凳的地方往往是最具吸引力的地方，提升了空间的使用价值。座凳供人们休息的同时也给人们提供观赏、交流、思考、学习的地方，是公共设施的重要组成部分。

1. 休息型公共设施的分类

休息型公共设施包含半封闭式休息设施和敞开式休息设施，半封闭的休息设施多是带有顶棚的，立面有空间界定的组合式休息设施，以内聚性交流为主。敞开式休息设施设置于敞开空间中，空间占用小，在景观组成中只占辅助地位，可以进行发散性交流，以观赏外空间与外环境交流为主。

按使用功能分类可以分为景观造型为主的休息设施及以使用功能为主的休息设施，前者休息功能弱化，以艺术造型为主，表现力强，可作为景观装饰的一部分出现，能够塑造场地特色或成为场地景观的地域标志。如西班牙建筑大师高迪在巴略特公园设计的环形长椅，运用彩色玻璃镶嵌工艺使得设施成为空间中的视觉中心和亮点。使用功能为主的休息设施以满足休息需求为主，充分考虑人的因素，设计造型考虑较简单，但在构造、尺寸、材质等方面考虑的更为科学、实用，并经常结合其他的功能性辅助设施满足场地使用所需。本节重点探讨的是景观造型为主的休息设施。

2. 休息型公共设施的特征

（1）基本休息特征

休息特征即能够满足休息需求的特点，想要突出这个特征，需要在艺术化设计过程中协调好"人—物—环境"之间的关系，使休息功能与场地类型相吻合，根据人们生活习惯、审美情趣、日常活动的需要来调整休息设施的艺术化设计构造与风格。

根据休息设施所在环境性质的不同，其休息特征也有所不同，设计考虑的因素也有相应的变化，其中针对不同类型空间的休息设施的艺术化设计，应该首先考虑人停留的时间和是否使用方便等问题。例如，熙攘繁华的步行街与幽静恬静的住宅小区，在休憩的体验上存在着显著的差异，故而户外坐具的设计需依据这些变化，进行相应的调整与优化。例如广场上的休息设施，其线性空间中相应的线形坐具就可以同时容纳几个人就座，在造型上若采用了圆柱形的接触面，则并不舒适，材料上若采用光滑的石材、花岗岩或金属则可以使人流迅速流动，提高座椅的使用率。

（2）艺术化美观特征

休息设施也往往因其材料独特的造型设计和艺术性的布局显著提升环境的美观度，为城市景观增添亮点。例如，一系列座凳的连贯排列不仅为空间带来流畅的韵律和节奏，当这些座凳以醒目且独具特色的色彩呈现时，它们进一步增强了景观的魅力，成为户外环境的焦点。另外，休息设施也是人们参与自然环境，同自然发生对话的重要媒介和载体。外环境中休息设施的设置加强了人们同自然环境的联系，同时休息设施也有划分、围合空间，影响景观格局的功能。

3. 休息型公共设施的艺术化设计

（1）尺寸把握

休息设施旨在为人们提供休憩与放松的场所，因此，其首要条件即为确保舒适与便利。座椅的设计与位置摆放需精心考量，需符合大众的视觉习惯与行为模式，既不过于庞大显得笨重，也不过于小巧难以察觉，避免给使用者带来困扰；同时，座椅的规格也需遵循人体工学原理，具体而言，其高度一般维持在30~45厘米，深度与宽度则为40~45厘米，而靠背的倾斜角度则以100°~110°为宜，以充分满足人体舒适度的需求。在满足这些要求后，便可以考虑艺术化因素，如与环境是否相适应、能不能与其他建筑形成设计上的呼应等。

（2）材料选择

一要考虑游人的心理，人们在什么情况下需要哪种休息设施，如何使用，依据行为心理进行分析，合理选择设施材料才能有效发挥其功能，要让人有亲切感和安全感，并考虑季节、温度的变化对材质的影响。二要考虑同周围的环境相协调，例如在现代气息很浓的城市广场、滨河游憩地等，多采用钢材、钢筋混凝土、铸铁、大理石、塑料、玻璃等现代化材料，而在风景林地、古典园林中，多用木质、竹质、青石等，或者就当地的自然山石等材料简单加工即可与自然优美的生态环境相协调，这样才能营造出美观、协调的环境。

休息设施常用的材料搭配有：钢管为支架，木板为面；铸铁为支架，木条为面；钢筋混凝土现浇；水磨石预制；竹材或木材制作的；或取自然山石加工雕刻而成的；大理石、色彩鲜艳的塑料、玻璃纤维等，这些新材料往往造型多变、优美，可营造出现代、活泼的氛围。

（3）造型设计

造型设计是城市公共设施体现出艺术性的关键。休息设施的设计应追求简洁的结构、便捷的制作流程、轻便且具有审美吸引力的造型，并提供多样化的选择。它们需要和谐地融入环境，与周边景观自然地融合，并彰显地方特色。在设计过程中，务必重视公众的心理行为特征，除了常规的座椅与长凳设计外，还应巧妙融入花坛、台阶、景观石及雕塑等艺术元素，打造出既便捷舒适，又富有观赏性的户外休息空间。此外，休息设施的设计可以根据不同用户群体的需求来定制，以满足特定的功能和审美偏好。例如，老年人可能更倾向于选择稳定、安全、舒适且便利的座椅，最好带有靠背和扶手。

造型设计种类多样的休息设施不仅能够提供多种休息方式，还能够丰富城市景观，彰显出独特的艺术气息。休息设施与公共空间有着密不可分的关联，它是完善空间功能不可缺少的组成部分，同时休息设施的艺术化设计风格、造型、功能类型等因素又反过来影响着空间的质量。休息设施配合空间功能场所空间的特征、性质决定了设施的材质、造型、风格等，设计时其材质、色彩、造型要同周围环境氛围相协调，尺寸比例要符合人体工程学尺度。摆放位置、方向也要遵循人的行为心理和环境心理，尽量布置在人的视线范围内，便于人们识别和使用。

（4）布局方式

休息设施的布局方式也能影响并决定场所的艺术性质，例如，大量成排布置的公共设施，其公共性很强，艺术性可能稍弱；围合式布置的公共设施提供了一个交流场地，巧妙地设计围合外形，也可以彰显出艺术感；点式布置的公共设施则可成为景观的点睛之笔，也可结合游览路线为主景提供观赏点，增强景观的艺术表达能力，成为欣赏景观的一个辅助工具；而单独布置的休息设施，或者结合植物、花池、顶棚等辅助元素可形成私密的小空间，用于点缀整体环境，便于人们思考、学习，使得场所具有相对私密性。

（二）便利型公共设施

便利型公共设施是方便人们在公共空间中日常使用的辅助设施。随着社会的发展，人们越来越注重外场地的人性化处理，这类设施的出现正是外环境功能完善、设施质量提高的体现。可以说是将室内的用具搬到室外供人使用，使人们的活动更便利。这些设施的出现使环境更具亲切感，更能体现一个地区的经济发展水平。

1. 便利型公共设施的分类

便利型公共设施主要分为四类。第一类是公共照明设施，照明是夜间场所不可缺少的设施，现代的照明设施已不仅仅是为夜间活动提供便利，更融入了艺术设计手法，使照明设施五彩缤纷，成为城市景观不可缺少的一道风景线。照明有指示和引导游人的作用，同时还能丰富城市的夜色。绚丽明亮的灯光，可使景观环境更加热烈、生动、富有生气；第二类是信息类设施，包括场地标识类设施、信息简介牌、指引设施、信息传递设施，如邮箱、时钟等；第三类是公共卫生设施，包括公厕、洗手池、垃圾桶、饮水器等；第四类是商业类设施，包括售货亭、售票亭等。

2. 便利型公共设施的功能

第一，提供人性化服务。便利型公共设施的布置位置多从人性化角度考虑，在不同类型的空间地点设置合适的辅助设施，例如步行街会设置大量的垃圾桶、洗手池等卫生设施；交通干道多设置停车位、站台、路标等设施。

第二，优化空间结构。便利型公共设施设置的数量、设施的质量、布局的形式等对空间功能的完善起到重要的作用，并依据使用性质、人口数量、季节变化等因素，通过不同类型的设施完善该空间的功能。

第三，美化景观。很多便利型设施在外观设计上本身就可以成为城市的景观小品出现，有时甚至还具一定的艺术欣赏价值，这种现象体现了城市文明和人们艺术修养的提高，展示了城市形象。

3. 便利型公共设施的艺术化设计

（1）尺度把握

便利型公共设施包括公共照明设施、信息类设施、公共卫生设施及商业型设施等。照明设施尺度的安排主要考虑夜间通行的安全问题,根据单个照明设施的照射范围和光照强度等综合考虑灯具的高度和排列密度;商业型设施如售货亭、售票亭等的风格、体量大小要与环境相适应,并注意对环境的保护。

(2)材料选择

便利型公共设施应选择经久耐用的材料,能够适合季节变化的不同需要,同时综合考虑其安全性能。为了满足便利性的需求,还应该选择较为轻便的材质。

(3)造型设计

便利型公共设施在造型的艺术化设计上,越来越倾向于综合功能的体现,以提高其使用率和对空间的有效利用。例如,广告牌是城市夜景的重要构成内容,设计时不仅要考虑自身独特、醒目的效果,同时也要考虑与整个城市夜间景观的联系,与周边环境相协调,成为城市景观旋律的有效音符,演奏出和谐的旋律,这要求其在造型上要更好地把握大环境,成为"城市家具"的主要成员。

(4)空间分布

便利型公共设施一般设置在集散场地、入口广场、交通要道、道路等两侧及构筑物周围,人们使用频繁的区域都需要设置相应的便利设施。可以采用节点式、散布式、集中式等布置方式,同时为了突出美观性也可以在便利性的基础上摆放成一定图案。在商业性场所和交通要道布置便利型公共设施,特别是道路的形式可以随商业设施和交通结构的形式而有所变化,形成空间领域感。如道路的铺装、色彩、材质可以与商业设施相呼应,自然界定了场所的使用功能。

4. 便利型公共设施艺术化设计具体分析

鉴于照明设施在城市公共环境中的普遍性和重要性,这里便以其为例分析便利型公共设施的艺术化设计。

现代化的城市离不开现代化的环境照明系统。环境照明不仅有利于提高交通运输的效率,保障车辆、驾驶员和行人的安全,而且在美化环境中起着不可替代的作用。同时由于现代人的生活作息时间逐渐向夜晚延伸,[1]必然对夜间活动的安全、灯光环境的需求越来越高,在各景点、交叉路口、步行街、商业店面等人员密切接触之处,均需考虑在普通照明基础上增加艺术照明,从而赋予城市迷人的夜间风采,使城市更富情趣。

---

[1] 吴卫光主编《公共艺术设计》,上海人民美术出版社,2017,第101页。

照明设施的设计不仅要满足不同环境对灯具的照明需求，即其基本功能，还要融入艺术性和审美价值。这包括考虑灯具与人互动时的基座设计，灯具本身在点、线、面上的造型效果，灯具与环境布局相结合的整体视觉效果，夜间照明时发光部分的形态，以及这些照明设施共同创造的光带效果。欧洲有些城市的街灯，光色柔和迷人，营造出一种浪漫而富有诗意的气氛。景观小品的点缀应是城市品位的自然结晶，而不应为了追求所谓新奇仅将景观小品视为摆设和装点，与整体不和谐，因而显得矫揉造作。城市照明的艺术化设计可以分为以下三类。

第一，街道照明的艺术化设计。街道照明正从单纯的实用性逐步向艺术性与实用性相结合的方向发展。设计时需考虑光线的亮度与色调、照射角度、灯具布局以及独特的外观设计。即便在白天，这些照明设施也能为城市空间增添美学元素。街灯的功能是确保夜间道路环境明亮且安全，因此是从上向下照明的。其核心要求是实现对路面的均匀照明，避免产生死角。为此，需要确保灯具之间有恰当且精确的布局，特别是在弯曲的路段，更需注意满足照明的基本标准。

第二，商业街照明的艺术化设计。科技进步要求商业街的照明设计不仅需满足安全和购物需求，促进商业发展，还应展现出社会的活力和环境的舒适度。挑选照明光源时，必须慎重，由于商业街的照明设计覆盖了商业建筑、公共设施、商店标识和广告等多个方面，因此需要综合考虑这些元素，以创造出一个协调统一的照明环境。在某些具有传统历史的商业环境中，有些现代环境设施常与整体环境不协调，这就需要在形态设计中充分考虑环境因素。无论是传统风格还是简洁朴实的现代风格，都需考虑使其融入环境，避免喧宾夺主。此外还应根据商业街的传统、地区的特点，选择与商业街协调的照度、色温度、显色性的光源，以营造特定的环境气氛。

第三，广场照明。广场作为城市的象征，是展现城市特色的中心。随着现代城市广场设计的复杂化，照明设计成为一个关键的环境因素。广场照明应通过多种照明方式的相互配合，结合环境特点，利用局部照明来创造出统一而整体的照明效果，从而更有效地渲染广场的氛围。例如，上海人民广场的灯光设计，就是以白色、金黄色为主，通过照射广场主体建筑——市政大厦，并结合过渡色相衔接的泛光照明，以草坪灯光和东西两侧水帘幕灯光烘托上海博物馆，入夜时给人以凝重和朦胧的美感，形成五光十色、流光溢彩的立体灯光群的光环境，远看好似一颗灿烂的明珠。

在设计照明时还必须考虑被照射物体表面的反射特性以及它们与周围环境的明暗对比。这包括通过亮度的渐变来展现光影的和谐，以及通过明暗对比来增强景观的深度感等细节。无论选择哪种照明方式，广场照明设计都需要精准把握场地特性，合理控制动态元素（如人流和车流），以及静态元素（如地面铺装和绿化）。同时，还需深入研究建筑和其他被照明物体的特性，以及它们与周围环境是否协调。

（三）娱乐型公共设施

城市空间环境是为大众开放的，是所有人都能够平等使用的空间，适量、适当的娱乐设施是每个城市都必不可少的，它可以改变一个人的心理情绪，使人感到快乐，达到修身养性的目的，而且，它适合不同年龄段的人。因此，娱乐设施的设置要使得人们在城市任何空间环境中都能够同样方便快捷地达到放松心情的目的，这也体现出城市公共设施以人为本的艺术化设计理念。

1. 娱乐型公共设施的特点

（1）参与性

城市公共设施是为城市每一位居民服务的，具有很强的公共性，因此在设计时要鼓励和引导每一个人使用。小孩子可以坐旋转木马、小火车等，年轻人则可以玩过山车、海盗船等，中年人喜欢打羽毛球和划船来锻炼身体。这些都可以达到陶冶性情的目的，能让人放松，塑造乐观的心态，使每个人都能乐观面对生活。

（2）安全性

鉴于娱乐设施的高度互动性，其安全性要求尤为关键。在设计时，必须细致考虑各种细节，如确保地面具有防滑特性、设施具备足够的耐用性等。在存在高度差异的区域，应突出地面的高差，以提高安全性，让人们能够放心地使用。在儿童游玩的过程中也要考虑安全因素，游乐设施不宜太高，材料尽量少用钢材、铁、石材等硬质材料。外形设计也尽量少出现尖锐的折形，多用圆滑的曲线。地面也要多垫草坪、塑料、砂土等软质材料，同时还要综合考虑设施使用的可识别性和易操作程度。

（3）便利性

便利性是娱乐设施的核心功能特点。设计时不仅要确保设施在外观和功能上满足使用需求，还要从便利性出发，全面考虑设施的布局方式、数量、位置以及使用时段等因素，以确保设施的使用效率最大化。

2. 娱乐型公共设施的艺术化设计

（1）尺度把握

娱乐型公共设施的尺度设计要根据不同的使用人群来考虑。如适宜老年人的座椅高度一般控制在30~45厘米，过低老人起坐不便，过高又不舒服，宽度也要保证在40~60厘米。老人活动场地的道路坡度也要尽量控制在5%以内，方便轮椅的通过。又如，儿童游乐设施要根据儿童的身体尺度来设计，甚至洗手池、饮水器等都应相应地设置儿童专用的小尺度设施。

（2）材料选择

设施材料的选择要从特殊人群的生理和心理出发。老年人对设施的需求更多的是安全性、舒适性和可识别性，应多选用木质、天然石等他们熟悉、常见的材料，从心理上增加设施的亲和性和安全性，尽量少用那种生硬、冰冷、光滑、炫目的材料，这也是艺术设计中人文关怀的体现。儿童游乐设施则应该满足他们的求奇求怪心理和使用安全性需要，可多用现代新鲜材料，如塑料、泡沫等，色彩也可丰富多样。

（3）造型设计

设施的造型设计要根据使用人群的特征进行针对性的设计，老年人的娱乐设施不应过多地关注设施造型的美学原则，要多考虑老年人锻炼身体的需求，针对儿童则应着重考虑设施的形态和色彩因素，激发儿童的好奇心和探索欲。在设计面向儿童的娱乐型设施时，可以兼顾具象的设计和抽象的设计。具象的设计可以促进儿童的具象思维更加活跃，抽象的设计则可以激发儿童的想象力与艺术感知力，促进儿童深层次思考。

在考虑点、线、面空间布局时，应在安全且人流密集的区域优先规划娱乐型公共设施。小型娱乐设施应布置得既灵活又易于使用，如社区街道、广场、公园等。设计时应避免将老年人和儿童使用区域过度分隔，以增强设施的综合使用性，还需要确保老年人在娱乐时也能看顾到儿童。对于年轻人的娱乐设施则多集中出现在公园、娱乐场所，由于比较喧闹，要求设计时与周边有一定的空间隔离，形成独立的娱乐空间。

（4）其他设计细则

娱乐系统的设施从最古老的荡秋千到单功能的滑梯、跷跷板、小木马等，再到现代综合性的大型游戏器械，它代表人们渴望寻求刺激，不断得到更大心理满足的观念，这种观念促使了游乐设施的不断更新。如何根据不同年龄层次设计不同的游乐设施，无疑对设计师提出了更大的挑战。

大型游乐设施，如观光缆车和碰碰车等，由于可能产生较大噪音，通常设置在城市公园内，并划分专门的区域。而小型且噪音较低的游乐设施，则更适合放置在居民区的绿地、广场或儿童活动区。在设计娱乐型公共设施时，应充分考虑不同年龄段市民的生理和心理特征，以鼓励市民积极参与创造性、自发性的游戏活动。具体来说，娱乐型设施在艺术化设计过程中还应该注意以下细节。

第一，保证材料的环保、安全。这是设计时首先需要考虑的要求，各国各地区都有相应的安全规范。游乐设施需经过细致的检查和测试，确保其造型、材料和结构等方面均达到相关安全标准。所用材料应能抵御日晒雨淋而不褪色，并且保证不会因为材料问题导致设施出现变形或破裂等质量问题。同时材料还必须安全坚固，不会对人体造成任何伤害。游乐设施常用的材料包括金属、混凝土、塑料和橡胶等，这些材料在相互接触时不会引起化学反应。科技进步和新材料的不断涌现为游乐设施的设计提供了更广泛的选择。游乐设施的表面质感也对使用体验有着直接的影响，如光滑的表面易产生裂纹和污迹，应尽可能设计有纹理或多孔的表面，但过于粗糙的表面在使用上不够安全。还要注意造型与排水方式相结合，要便于冲洗，保持清洁。此外，游乐设施因长期暴露在户外，会受到多种自然因素的侵蚀，同时它们又直接与儿童和青少年的身体接触，因此在设计时必须考虑到材料的耐久性和保护措施。例如，对于铁或钢制材料，可以通过涂漆、施加沥青保护层、添加金属镀层等方式进行保护，这些措施可以单独使用，也可以与涂料结合使用。对于与地面接触的部分，除了铺沥青外，还可以采取外包混凝土等额外措施来增强防护。

　　第二，游乐设施要根据儿童不同成长发育阶段的行为特点而有不同的设计。在保证安全的前提下，有趣、美观的造型更能吸引孩子们的目光。但对于已经成年的"大朋友"的娱乐设施，则可以着眼于互动性、智能性、启发性等的设计。同时注意造型结构的坚固与合理，如狭窄的部分要设置安全辅助装置，圆弧面的设计要注意儿童站立时的安全，避免过陡的和尖锐的斜面造型，过低过矮的空间要使用保护材料，总之设计时要考虑到使用的效果。

　　第三，娱乐公共设施的设计要更加系统综合。要将游乐场设计成一个协调统一的空间，将各个设施有机地连接起来。每个设施在保持其独特娱乐性的同时，也应激发孩子们探索其他设施的兴趣。游乐场应提供不同难度级别的游戏项目，以便孩子们在对简单游戏失去兴趣时，能够迅速转向更具挑战性和趣味性的活动。游乐设施的设计需要综合考虑尺寸、颜色、形状、材料和结构等因素。例如，采用动画或童话世界中的形象来构建游乐区，更符合儿童的心理特点，对他们产生更大的吸引力。融入热门游戏、影视作品的元素，也能够对其他年龄段的人群产生更强的吸引力。还可以用单纯的圆树墩造型排列成大小不同、高低不等、天然气息浓厚的空间，满足在上面任意行走、跑跳的需求。一些攀爬的设施，需选用软质材料，如橡皮轮胎、木料、绳索等，避免在游戏时碰伤。

　　娱乐设施分为静态和动态两大类。静态设施如双杠、单杠等，它们本身不移动，但允许使用者进行体育活动；动态设施则包含可动部件，如吊环、秋千、跷跷板等。此外，还有结合静态和动态特点的复合形态游乐设施，它们融合了多种元素，提供了多样化的玩法。

设施还可分为固定式和非固定式，固定式设施通常用于长期设置的运动能力训练，如篮球架、足球门、攀岩墙等。这些设施一旦安装，通常不会频繁移动，适合在公园、学校、社区等公共场所长期使用。非固定式设施则更加灵活，可以根据需要移动或重新布置，例如可移动的乒乓球桌、临时搭建的充气城堡等。这些设施适用于临时活动或需要频繁更换场地的场合。无论是静态还是动态，固定式还是非固定式，娱乐设施的设计都旨在满足不同年龄段和兴趣爱好的使用者需求，促进身体锻炼和社交互动。

当今的游乐设施已从单一功能向复合型的方向发展。设计师要仔细观察有娱乐需求的不同年龄层次的市民，不能只照顾孩童的玩耍需求，其他年龄阶段市民的需求也要兼顾，这需要设计师设计出更具有普遍适应性的娱乐设施。观察市民的行为可以为设计师提供宝贵的灵感，有助于对现有游乐设施进行创新和改进，从而增加玩耍的多样性。随着社会的进步，新的设计趋势将更加强调游乐体验的乐趣和自由度。游乐设施不仅要注重单个设施的美观，其整体布局和组合也应具有艺术性，为场所增添视觉吸引力。

第四章
公共艺术设计与城市空间形态营造

公共艺术设计是规划城市空间、营造城市景观的重要手段，也是城市规划的重要内容。本章从这一角度出发，探究公共艺术设计与城市空间的内在联系，并分析不同类型城市空间建设中的公共艺术设计，以帮助读者理解两者之间的深刻联系。

第一节
公共艺术设计与城市空间的内在联系

公共艺术设计作为开放的公共空间中的艺术创作与环境设计，不仅与城市空间联系紧密，还能够以不同的方式融入城市公共空间中。

一、公共艺术设计与城市空间的关系

城市公共艺术是城市规划的专项内容之一，城市规划是城市公共艺术建设科学、合理、有效进行的保障。❶

公共艺术通过独特的表现形式和手法，传达着人们的情感与愿景，反映着智慧的光辉，展现了民族的审美倾向，并承载着城市发展和文化变迁的信息。在人类社会和民族生活的构建中，艺术以其独有的意象感召力和美的震撼力，与语言和文字一样，记录我们对世界的认识、探索和建设的足迹，表达出世界的辉煌宏大和生活多样性。因此，公共艺术设计以其独特的手法与魅力构建具有特色的城市空间，提升城市空间的舒适度、美观度，将当地文化元素融入城市空间。

目前，我国部分城市的城市空间规划设计还不够合理，表现出作品趋同、缺乏地域精神与原创性、整体水平良莠不齐、城市公共艺术作品选址不当、空间设计与城市建设不同步、公共性缺失与公众参与意识淡薄等问题。因此，厘清公共艺术设计与城市空间的关系、重视公共艺术设计在城市空间规划与营造中的作用、将其纳入城市规划体系对目前我国城市空间的规划营造具有重要的意义。

城市公共艺术作为当代城市建设的新型艺术形态，在当代城市建设中起到了明晰城市

---

❶ 杨奇瑞、王来阳：《城市精神与理想呈现——中国城市公共艺术建设与发展研究》，中国美术学院出版社，2014，第185-186页。

定位、传承城市文脉、凝聚城市精神、塑造城市形象、提高城市艺术品位、提升市民素养、增强城市活力的作用，它需要与城市总体规划紧密结合，并真正成为规划的一部分，以体现规划的重要性、必要性和紧迫性。

因此，城市公共艺术设计是中国城市化进程中不可或缺的内在需求。只有将公共艺术设计融入城市空间规划与建设，提升规划层面的高度、广度和深度，才能与现代城市发展的步伐相匹配，充分展现其魅力。同时，城市公共艺术设计应深刻体现思想性和文化性，彰显城市独特的历史文化底蕴和鲜明的城市个性。城市文化是城市公共艺术的精神核心，也是公共艺术规划的关键所在。

二、公共艺术设计介入城市空间的方式

（一）追溯历史与城市文化营造

历史传承的文化特质是一座城市的灵魂、一座城市的思想，它传达着城市浓厚的文化底蕴。历史文化是城市的根基，为城市公共艺术提供了丰富的表现题材。公共艺术是展现城市传统文化脉络、展示城市文化的最有效手段，是城市文脉延续的有效载体。公共艺术设计在对这些城市记忆的保留和呈现中起到了关键的提升作用。公共艺术设计对城市空间中名人、名物、名事、名迹的表现构成了城市记忆中最为鲜活的元素。在城市的整体空间中，公共艺术作品以点、线、面三个层面的空间构建着城市的往昔和脉络。

城市公共艺术设计也是城市文化最有效的载体。纵观人类文化发展史，最新的文化成果都是在城市建设当中不断发展而生的。如今，我国的城市文化和城市建设取得了相当大的成就，但随着城市化进程的加快，两者的矛盾也日益突出，城市文化应起到的作用没有得到足够重视。因此，在城市建设中只有把城市文化摆到同样重要的位置上来，才有利于缓和两者之间的矛盾，才会为城市重新唤起逝去已久的特色与个性。城市公共艺术是城市文化的有形化躯体，城市文化是城市公共艺术的无形化灵魂。公共艺术设计往往从城市文化中汲取灵感，形成具有鲜明视觉特色的艺术作品，城市文化需要公共艺术展现其深厚沉淀。两者互相作用，互相影响。

通过对国内外公共艺术发展历程的研究，不难发现城市公共艺术设计的发展一直与城市文化处于互动之中。城市文化决定公共艺术设计的选题依据、表现内容和呈现形式，城市公共艺术设计所蕴含的价值取向以及对于社会、人文方面的思考反作用于城市文化的价值取向和发展方向。

在我国城市化快速发展的背景下，城市现代化建设的趋势普遍面临着两种主要倾向的

冲突：一方面，人们期望打造一个现代化、国际化的城市环境和发展空间；另一方面，人们也希望能够保留那些富有传统城市文化特色的环境和城市结构。这种矛盾在各地历史文化名城的发展中尤为突出。城市化在空间的扩展、交通道路的建设、城市功能与生活方式的改变等诸多因素不可避免地会对传统的古城格局形态造成破坏和改变。城市公共艺术设计的介入在一定程度上缓和了两者的矛盾。并且，城市公共艺术多采用现代化的表现手法再现历史，再现已经逝去或是即将逝去的历史文化风貌，再现城市不断发展的根基和脉络。城市公共艺术不仅折射出一座城市丰富的历史文化，反映城市历史进程与历史变迁，而且见证了城市的今天与明天。

（二）记录重大事件并营造空间记忆

重大事件是城市居民集体意志的反映与集体记忆的缩影，它们在整体上影响着城市，而不只是具有孤立的局部效应，对于城市的演进起着重要作用。

这种影响改变着城市的类型、形态和结构。同时，作为现代社会重大事件的直接发生地，重大事件也是人们了解城市的媒介之一，具有体现整个城市特性的关键地位。因此，对重大事件进行纪念与缅怀、打造独特的城市空间记忆也是最有效地塑造重大事件与城市形象的方式。作为重大事件的发生场所，事件空间及其特有的形式构成了重大事件对城市后续影响的起点。城市公共艺术设计不仅以独特的形式美化城市，更重要的是，它还能储藏丰富的历史文化信息，勾起人们对于重大历史事件的缅怀，唤起公众对于城市重大历史事件的记忆。当下，在我国城市如火如荼的发展进程中，塑造城市独有的个性与特色，以及保留或激发人们对历史文化的记忆，公共艺术设计的参与是关键。快速的发展使城市面貌的迅速变化成为必然，城市中的历史风貌、演化痕迹、某一时代生活情景的留存等，如果不以公共艺术设计的形式保留在城市空间当中，很有可能就永远从城市里消失。

以公共艺术设计记录重大事件、营造城市空间记忆的例子在我国城市中比比皆是，不少城市都通过塑造伟大人物、重大事件的雕塑或树立纪念碑来达到这一目的。例如，西安的《丝绸之路》《秦统一》《诗魂》；重庆的《歌乐山烈士纪念碑》；上海的《龙华烈士纪念碑》《陈毅纪念像》，等等。这些城市公共艺术作品向人们展示了城市的历史和过去，讲述着一座城市的故事，也传承着一座城市的传统和精神，记载着城市许多难忘的记忆，这就是城市公共艺术设计在空间营造中的特殊功能和显著作用。公共艺术设计用密切联系广大群众的、最生动活泼和有效的宣传教育手段，让人们从城市公共艺术的艺术形象中了解过去，潜移默化地接受教育，从做出伟大贡献的历史人物形象中受到启发和鼓舞，振奋精神。

（三）进行视觉提炼并激活精神空间

城市精神作为城市整体价值观与市民价值取向的高度凝练，是城市哲学底蕴的集中展现。此精神框架不仅囊括了城市存续与发展的核心价值观念，也涉及城市发展战略的终极追求、城市形象的全方位展示、城市顶层理念的精准阐述，以及在各个发展阶段所确立目标的详尽说明。

日本学者小川和佑于其著作《东京学》中阐述，人的精神需求不可或缺，城市也需精神的支撑。一个出类拔萃的人，其精神必是丰盈的；一个令人向往的城市，其精神也必是充盈的。对人而言，任何物质的匮乏或可承受，但精神的缺失则是难以弥补的；对城市而言，虽然可以积聚万千财富与资源，但最为珍贵且难以获得的，正是那独特的城市精神。

城市精神是城市之魂，也是城市视觉的导向与核心。构建城市的视觉精神是城市战略的核心议题，其功能在于融合各种城市形象元素，全面展现城市形象，将之清晰地传递给目标受众。这有助于受众对城市形成一个明确且深刻的印象，并激发对其的美好联想。进而，这种美好的联想能激发目标群体深入了解、感知并参与城市生活的愿望，最终形成对城市深深的依恋。应对城市的历史、现状以及将来，城市的政治、经济、文化、环境、社会，城市的区域、国家等进行多层次的完整、全面的分析和归纳总结，从而提炼出城市的视觉核心价值。

城市视觉特性已成为城市研究和规划中的一个热门议题。"特性"通常指的是事物独特的标志和属性。城市视觉形象反映了城市的整体外观和特点。鉴于城市的复杂性，其视觉形象可以通过三个互相独立但又相互影响的维度来描述：城市精神、城市行为和城市视觉。城市精神形象是城市视觉和行为形象的内在灵魂。如果缺少了城市精神，视觉和行为形象可能仅流于表面的装饰。同样，没有视觉形象，城市的行为和精神也难以得到充分的展现。在城市视觉的塑造中，城市精神在塑造城市文化形象的深度、品位和风格中扮演着关键角色。

城市形象是城市形态和特征在人们心中的反映，它触发了人们对城市内在力量、活力和未来潜力的情感和思考。这种感知包括了城市的物质、精神和政治文明，涉及政治、经济、文化、生态等多个层面，以及城市的面貌、居民素质、社会秩序和历史遗产等要素。城市形象的塑造标志着城市现代化进程中的一个重要阶段，它发生在生产建设和公共设施建设之后，代表着城市发展的更高层次。

城市公共艺术设计与城市居民的生活密切相关，它不仅为人们提供一定的艺术熏陶和功能服务，它的造型特征也是城市环境的重要组成部分。它与城市的其他要素共同构成了城市的特质，体现着城市的价值取向及文化内涵。公众对城市形象的整体印象和总体评价，是通过视觉、听觉、触觉去接受城市环境信息而形成的。尤其在如今这个国际贸易与旅游业发展迅速的时代，一座现代化城市如果缺乏与之相匹配的文化内涵，便难以构建自身的精神空间。

以厦门为例，厦门市城市形象建设紧密结合城市公共艺术设计与城市绿地公园的建设，通过两者的共同作用提炼城市的视觉形象，以提升城市形象，提高城市品位，改善城市功能，构建起属于厦门的城市精神空间。厦门公园密度之高在全国名列前茅，公共艺术设计在城市公园中发挥着举足轻重的作用，轻松自由的雕塑造型、舒适美观的环境设施、适应自然生态的水景绿化，都为厦门城市形象增添了光辉色彩。较为典型的有海滨公园、园博苑、中山公园、忠仑公园、白鹭洲公园、环岛路沿线绿地，等等。此外，厦门的公园公共艺术设计既不同于北方城市公共艺术设计的淳朴厚重，也不同于一些南方城市公共艺术设计的着意雕饰，更多的是表达自然的美和生活化的趣味。鉴于其生活化与贴近民众的特性，厦门的公园在承担旅游功能的同时，更应当作为市民日常休憩的重要场所。诸如在白鹭洲公园的构建、东海岸的开发以及鹭江道的整修进程中，厦门市委、市政府秉持"还海于市民""还自然于市民"的核心理念，通过公共艺术的巧妙融合，实现了空间特色与品质的显著提升。

（四）地域特色建设与城市各项塑造

城市不仅仅是人群和街道、建筑等物理结构的集合，它还是历史、文化、习俗和传统在不同时期积累、传承的思想与情感的总和。城市超越了物质层面的概念，与居民的日常生活紧密相连，记录着人们的生活习惯和生活轨迹。城市是社会属性的体现，它深植于文化之中，既是文化的物理载体，也是城市的精神核心。城市是特定文化的表现方式，同时也是文明社会自然发展和繁衍的场所。

每座城市都拥有其独特的历史和文化，它们通过空间结构、纹理和形态特征反映出当地居民的行为模式和文化积累。因此，被称为"场所"的地理区域承载了某种深厚的文化意蕴。文化价值观作为驱动力，不仅促进了空间实体的变迁与发展，还深刻地塑造了人们的生存方式及思考框架。而人类生活方式与行为准则的世代沿袭，则进一步夯实了族群的文化根基，赋予了这些场所以丰富的文化意蕴与深远的历史价值。

场所的文化建设元素主要聚焦于三个核心方面。第一是价值观念体系，其本质源于不同社会群体对个体需求与周遭环境认知的差异性，进而衍生出各自独特的价值观念，这实际上是个体对外部环境理解与诠释的深刻体现。这些价值观念在不同地理区域、社会群体以及历史时期中表现出显著的差异性，推动了生活形态与行为规范向多元化方向演进，最终构建了丰富多彩、独具魅力的地域景观。在西方社会中，理性思维与精确的数学逻辑相结合，辅以以人类为中心的价值观念，共同催生了注重理性主义和有序规划的城市景观。在某种角度下，中国传统哲学蕴含的"天人合一"的思想，积极推动了城市形态与自然环境和谐共生的演进，这一城市形态即为人类所熟知的山水城市。城市居民致力于实现高效与利益的最优化，这一追求鲜明地体现在他们紧凑的生活节奏与对时间的高度重视上。相比之下，农村居民则顺应自然节律，日出劳作、日落归家，营造了一种宁静闲适的生活方式。由此，多元化的价值观念进一步丰富了城市生活的多元化特性与空间结构的繁复性。第二是历史维度，它作为文化传承的载体，不断推动着文化的演进。文化本身系历史累积与沉淀之结晶。遗迹作为历史的镜像与记载，其价值远超其物质形态，而深植于其所蕴含的历史脉络、社会活动以及精神意涵的深入剖析与领悟中。据此，在构建场地精神风貌之时，历史遗迹实为不可或缺的基石。第三是特征元素，它明确地展示了地域的独特魅力，是当地文化、传统与习俗的集中体现，为辨识不同地域文化提供了明确的依据。尽管个人感知可能因主观因素而异，但对那些具备鲜明文化特性的元素，人们往往能够形成一致的认知。例如，中国的长城、法国的埃菲尔铁塔、埃及的金字塔等，这些文化象征不仅在国内受到认同，也在国际上获得了广泛认可。因此，深入挖掘和传承这些文化元素，可以提升特定场所的独特性，并加强人们的身份认同和归属感。

公共艺术设计是城市地域特色与城市个性的具体表现。从某种意义上说，公共艺术设计是基于地域文化及其传统地域特色而发展起来的，显现出城市自身的地域特色和文化个性特征，尽管它的存在和表现方式不应是表面、单一的或纯叙述性的。

公共艺术设计通过运用城市历史的积淀及其文化精神的资源来显现其艺术的神采与内涵，从而让城市内外的人们更为感性地、清晰地感知和认识一座城市特有的符号化特征及其人文气质，使城市整体环境或社区的特征具有自明性，从而成为城市形象与地域精神文化的载体。城市中建筑、公共环境、艺术品陈设以及城市交通系统或公共空间的美学形态的呈现方式都需要公共艺术设计的全面介入。可以说，发掘、尊重、传承和创造城市的地域文化的城市公共艺术，将成为城市文化特色的述说者、象征物和标示物，这有利于向人们传递一座城市独特的表情和多方位的文化信息，以免使城市空间陷入千篇一律的视觉印象。经过公共艺术的整体营造，可以形成城市形象的经典标志乃至城市精神的象征。

公共艺术设计与地域文化背景紧密相连。一件优秀的城市公共艺术作品通常具备三个关键要素：鲜明的地域特色、独特的创意构思和艺术的独创性。地域特色鲜明意味着作品蕴含深厚的文化价值，能够深刻反映一个民族、国家、地区或城市的历史、现状和愿景。

地域性使作品产生与其他地域不同的特征，是体现城市个性的必备因素。近年来，中国城市公共艺术建设在对地域特色发掘方面也作了不少尝试。不仅塑造了城市个性，还获得了当地市民的一致好评。

第二节
公共艺术设计与不同类型城市空间的建设

根据城市空间的作用与特点，可以将其分为不同的类型，不同类型空间中的公共艺术设计要满足城市居民不同的生活需求，有着不同的设计方法与原则。

一、公共艺术设计与城市广场空间建设

广场空间是城市居民进行公共活动的开阔性空间，有着悠久的发展历史和众多类别，如建筑与外部空间自然融合的广场、位于建筑中间的内生型广场和建筑完成后外部剩余空间形成的外生型广场等。城市广场的设计应当以满足居民的活动需求、围绕核心主题设置标志物。

（一）广场空间建设的基本要素

1. 广场的平面与道路

广场平面形态的设计包括规则形与不规则形。其中，圆形广场围合感强，具有向心性和结构张力；椭圆广场具有向心性，且有分明的轴线；梯形广场可以调节人的视觉。道路与广场的关系包括道路围合广场、道路穿过广场、道路位于广场的一侧。❶

2. 广场标志物的类型

第一，中央式标志物，代表神圣、庄严，向心力强，适用于体积感较强且无特别方向性的标志物。

第二，中轴式标志物，中轴线明确，按轴线布置，具有主次关系，适用于大面积或纵

---

❶ 石磊：《跨文化视角下的广告英语翻译》，辽海出版社，2019，第45页。

深较大的广场。

第三，成组式标志物，有较强的序列感，往往排列整齐。

第四，不规则标志物，能够给人带来特殊的视觉感受。

3. 广场公共艺术景观的类型

广场空间的公共艺术景观主要包括建筑小品、雕塑、硬质景观、水景、绿化造景、灯光造景、室外家具、背景音乐，等等。

（二）休闲广场与公共艺术设计

在当代中国的城市建设中，广场空间正逐渐演变为城市居民社会生活的中心，成为城市外部空间的重要组成部分。

广场空间不仅满足了城市空间布局的节奏性需求，还具备举办集会、交通转运、居民休闲游览、商业服务和文化宣传等多功能性，为市民提供了一个进行社交、娱乐、休息和集会的公共空间。例如，上海市人民广场就为市民的日常生活、节日庆典、游览和观光提供了理想的场地；深圳市民中心广场不仅为市民提供了良好的公共活动环境，为游客提供优美的旅游环境，还为各类人员的工作和生活之余提供了一个舒适的开放空间；重庆人民广场是重庆市民举办大型集会和演出、隆重庆典、运动健身的重要场所。

除了为城市居民提供休憩和活动的空间，城市广场空间及其代表的广场文化也是城市文明建设的一个缩影，更是城市公共艺术建设的重点区域。这一区域的城市公共艺术建设具有集中体现城市风貌、文化内涵和景观特色的特点，并能增强城市本身的凝聚力和对外吸引力，可以促进城市的各方面建设，提升城市形象。以杭州市民中心广场为例，其城市公共艺术的建设在展现杭州山水之城、文化历史名城特色的同时还考虑到了所处的空间特色，在注重建筑独特性、标志性的同时，广场建筑还注重建筑物彼此之间的呼应与兼容性以及造型特色，倡导开放性、亲民性。市民中心、杭州大剧院、杭州国际会议中心等与其说是建筑，不如说是一件件的雕塑艺术品。此外充满现代感和创意感的雕塑艺术品，绚丽的夜景照明艺术，实用性兼具美观性的公共设施艺术，不仅美化了广场的空间环境，还诠释了广场的文化内涵。

（三）纪念性广场与公共艺术设计

纪念性广场的作用通常是纪念著名历史人物或重大历史事件，需要有比较明确的主旨和强烈的思想主题，是人类纪念性情感的物化形式，充当的是人类精神文明的载体。

中国纪念性广场的主题丰富，如纪念"八一"南昌起义的南昌八一广场，纪念"五卅运动"的上海五卅广场，纪念1976年唐山大地震的唐山抗震纪念碑广场，纪念伟大领袖毛泽东的湘潭东方红广场，展示风筝文化的潍坊世界风筝都纪念广场，纪念战胜松花江1957年特大洪水的哈尔滨防洪胜利纪念塔广场，纪念南京大屠杀三十万死难同胞的南京大屠杀遇难同胞纪念馆广场，为纪念香港特别行政区回归中国而建立的大连星海广场等。纪念性广场的城市公共艺术主题明确，并且纪念性城市公共艺术是一种与广大民众紧密相连、富有活力且有效的教育和宣传方式。它以再现历史重大事件和塑造卓越历史人物为手段，深刻揭示了国家与民族的崇高追求。公众通过这些艺术化的形象，不仅加深了对历史的认知，更在无形中接受了深刻的教育。他们从这些为历史进程做出卓越贡献的人物形象中，汲取了无尽的启迪与鼓舞，进而焕发出更加振奋的精神风貌。纪念性雕塑与周围的园林、建筑和环境设施相得益彰，对环境起到了装饰和美化的作用。

公共艺术设计是突出纪念性广场主体与思想的重要手段。例如，南京大屠杀遇难同胞纪念馆广场的入口处以无生命特质的级配碎石进行铺装，通过这一特殊的材料来反映"生与死"的场所精神主题，在和平广场上则用水池将人们的视线引向尽头处的和平女神塑像，表达反对战争、祈祷和平的愿望。广场的标志性雕塑是一个母亲抱着死去孩子的形象，突出"家破人亡"的氛围，衬托哀悼与缅怀的主题。这座雕塑高达12.13米，巨大的尺寸产生强烈的视觉冲击力，给人带来极大的心理震撼。在标志性雕塑周围50米的地方，坐落着以"逃难"为主题的一系列群雕。这些雕塑的尺寸略大于真人，它们沿着一条直线排列并按照一定的顺序，一直延伸至纪念馆的入口。这样的布局不仅可引导参观者的流动方向，而且也在逐步增强对人们情感的冲击。

（四）交通广场与公共艺术设计

交通广场主要是满足行人快速通行的公共空间，交通广场的城市公共艺术首先应具有标志性和功能性这两大特点。交通广场作为城市重要的运输及对外交流的公共空间，是城市的大门，城市交通广场的艺术特色对初次踏入这座城市的游客的第一印象有着决定性的作用。广场中标志性的城市公共艺术作品代表者一座城市的文化内涵和地域特色，是城市文化物化呈现的重要窗口。交通广场人数密集、人流量大，广场中的休闲座椅、垃圾箱、候车亭、导视牌、防护围栏、车挡、公共卫生间等功能性设施的艺术设计是城市形象、城市文化的细节体现，功能性建筑与设施的设计在满足最基本的实用功能的同时，还应注重对城市特色、城市历史文化的呈现。

广州作为岭南古城，有着两千多年的历史，广州东站广场位于天河火车东站前，是新城市轴线北段的一个重要节点，标志性建筑物中信广场和空间节点体育中心均已形成，极具地区环境特色。

在广场空间的艺术设计方面，广州东站广场的设计师匠心独运，将南越王时期的纹样元素巧妙融入设计之中，既彰显出了广场的文化积淀深厚，又成功激发了人们对悠久历史文化的共鸣。设计者运用的纹样主要是南越王主墓中出土的银盒上的水滴状浮雕纹样，这种古老图案在广州东站广场的多个元素中得到了体现，包括灯柱、花钵、花坛壁、广场铺设的地砖以及地毯上的绣花图案。广场两侧的大型花池采用南方地区典型的花岗岩建造。工匠们在花岗岩上精心雕刻出生动的龙凤纹样和涡卷图案，以及水滴形状的花边，赋予原本粗犷的石材以精致图案和丰富文化意涵。两种颜色的花岗岩相互搭配，通过深浅色彩的组合以及形状、高低和大小的变化，为广场的城市公共艺术赋予了细腻与粗犷并存的气质，体现了岭南文化包容并蓄的特点。此外，龙凤涡卷纹样还被巧妙地应用于园艺中，通过红绿草的巧妙搭配在草坪上形成了类似的图案。从南越王墓中出土的陶器、银盒等器物中提取纹样，设计师再对其进行提炼，使其融合了现代美术的特色，作品设计浑然天成。

东站广场的夜间照明设计也极具特色。玻璃制成的瀑布在灯光的映照下散发出流光溢彩；绣花地毯草坪通过管状灯的勾勒，在夜间转化为金色的线描图案，与白天的立体凹凸感形成鲜明对比；草坪两侧的灯柱发出光束，花池边缘和花坛壁则由地脚灯和地射灯点缀，每棵树都被绿色的泛光灯照亮。当夜幕降临，广场上的灯光依次亮起，展现出千变万化、璀璨夺目的夜景。各种泛光灯、射灯和地灯共同勾勒出广场的轮廓，使其宛如一颗璀璨的明珠，与周围的高楼大厦相映成趣。

（五）商业广场与公共艺术设计

公共艺术设计是商业广场环境的重要组成部分，具有画龙点睛的作用，影响着广场的人气与向心力，代表着公共精神和广场气息。

城市商业广场空间中的公共艺术设计能够向前来的人们传递极为丰富的信息，包括城市的商业文化、商业特色等方面的内容，同时也传递出作品本身的表现结构、符号内容、表达方式及开发商所要表现的商业气息和品牌文化。随着中国经济的快速发展，各种类型的商业广场不断涌现，广场中的城市公共艺术设计也越来越受到广场开发商的重视。城市公共艺术设计使商业空间更具亲和力，成为城市人文精神的集中体现。在商业广场空间中，城市公共艺术的实用价值主要表现在以下三个方面。

第一，突出商业的属性与功能。商业广场作为城市重要的商业中心，其城市公共艺术在整个商业广场中起到了重要的标志性作用，在提高广场环境观赏性的同时也是商业广场品牌价值的重要体现。

第二，增添商业空间的艺术认知功能。实用功能性的城市公共艺术在为商业广场购物的行人提供方便、舒适的购物环境的同时，也增加了商业空间的艺术气息，缓解了其购物时的疲劳，增添了视觉上的享受，商业广场的场所特色也深入到购物者的记忆中，继而增加更多商机。

第三，引导视觉空间的划分和界定。视觉引导是指借助城市公共艺术与环境间的和谐共存，在观众游览城市公共艺术作品的过程中，逐渐引导他们深入探索，使其在不经意间与环境融为一体。在广场中，城市公共艺术变化多端的形式、主题、材质等使人产生不同的视觉感受。所以，在合理设计、设置城市公共艺术时，应注重强调城市公共艺术的视觉引导作用，给人最佳的欣赏角度尤为重要。

二、公共艺术设计与城市滨水空间建设

滨水空间是城市活力的璀璨明珠，既是城市开放空间不可或缺的环节，也是自然美景与人工构筑交相辉映的独特领域。

城市的滨水空间荟萃了整座城市的特色，人们从滨水空间中可以感受城市的历史、自然和人文氛围。通过城市公共艺术的介入，城市滨水空间更具有公共性、艺术性和灵动性的特色。在城市滨水空间公共艺术设计的成功实践中，首要任务是精心构建城市的美好形象。通过细致入微的滨水艺术景观设计，旨在提升区域的美学品质与视觉美感，从而营造出一种独特且充满艺术氛围的环境。这样的设计不仅凸显了城市与水共生共荣的深厚渊源，还延续了城市独具魅力的水文化脉络，同时深入挖掘并展示了城市独有的历史文化底蕴，凝聚了城市发展历程中的丰富历史记忆与人文精髓。此外，公共艺术的融入还应使滨水空间更富人性化，为市民和游客提供一个既能享受自然生态之美，又能领略艺术作品魅力的环境，增进人们对城市文化的理解，增强人们对生活的信念。

目前，滨水空间的公共艺术设计在绝大多数的城市建设中得到高度重视。特别是近年来，滨水空间的营造成为城市公共空间建设的关键和核心部分。成功的地区如上海世博园滨水区域，遵循"城市，让生活更美好"的核心理念，借助公共艺术的巧妙融入，成功实现了文化与自然的完美融合；广州珠江河畔地带，借亚运会之契机，发展了城市雕塑、环境设施、夜景照明和水景艺术；青岛东海路的沿海一线，现代化的候车亭设施、优雅的休憩座椅、多彩的步道以及精心设计的园林建筑彼此映衬，充分展示了青岛深厚的文化底蕴和独特的城市景观；武汉江滩公园在滨水区域的艺术打造中，运用城市雕塑作为载体，铭

刻城市的历史轨迹与未来愿景，充分展示了城市独特的文化景观；西安曲江池遗址公园，作为历史文化保护与生态园林的结合体，其公共艺术以唐代生活为核心，合理分布，展现了一个多功能的开放式城市滨水文化空间。

三、公共艺术设计与城市公园空间建设

无论是在工业社会还是在后工业的城市社会发展中，公园城市在居民的生活里都扮演着重要角色，是人们生活中的积极空间。公园是修辞的风景，由大致相同的材料造就，如同修辞学家的词汇皆出自同一门语言，公园和修辞的构造都是感动和使人愉悦。但是，公园为达到各自的特色效果而使用的修辞结构、造型和转义不同，公园内容也就存在着差异。21世纪以来，随着人们的需求和价值观的改变，公园的作用和形式也在不断变化，康体性、科技性、生态性的公园将会受到越来越多的青睐。❶在人性化及生态化城市建设中，公园的角色地位及其功能作用越来越被经济和人口快速发展中的城市所看重，公园的环境品质和人文意蕴也逐渐为人们所关注。

如今，城市公园的大门已经纷纷敞开，公园的生态绿色全方位展现在市民面前，公园成为市民可以免费享用的休憩与娱乐空间，这使更多、更精彩的文化艺术和环境设施可以服务于社会公众，从而提升全体国民的生存与生活品质。整体环境的基本品质和良好的场所文化氛围是实施公共艺术建设的前提与保证。

例如，上海月湖雕塑公园位于上海佘山国家旅游度假区内，园区以"回归自然、享受艺术"为建设理念，是一座集现代雕塑、自然山水、景观艺术于一体的综合性艺术园区。园区一期占地1300亩，其中，月湖面积465亩，环湖腹地分为春、夏、秋、冬四岸，来自世界各国的公共艺术家所创作的大型雕塑40余件，融于山水美景中，别具特色。

如今，城市公园空间的建设更加注重艺术表达，公园也成为公共艺术设计的舞台，公园空间中公共艺术景观的地位得到了前所未有的发展。

例如，德国的IBA埃姆歇公园就是设计师由荒地改造成的现代公园，在这一特定的环境中，设计者获得了进行公共艺术设计实验的机会。这片区域占地50公顷，包括早期生长逾50年的经密集开发的森林和早已堆积成山的泥土岩石，还有倾倒和挖掘的各种废弃物品。赫曼·普里格安驻守在现场达数月之久，他使用该区域的典型素材，在先前的场所遗

---

❶ 郝卫国、李玉仓：《走向景观的公共艺术》，中国建筑工业出版社，2011，第60页。

迹和旧工业建筑中被毁设施的基础上装置作品，充分利用空间，使之"自然而然地"改变，与文脉的继承相吻合。将废弃的工业区域改造成公园，除了要能恢复区域内的植被，还要发挥公共艺术设计的重要作用。这座公园中有不少公共艺术作品，在众多作品里，一个螺旋式上升的新山顶远远高于旧废品堆。在此巨型雕塑之巅，矗立着一部扶梯，其高度逾十余米，直指云霄，已成为一处引人注目的新地标。其显眼程度，即便是在盖尔森基兴的南部远眺，亦能清晰辨识。此外，该地标与公园内其他标志性建筑之风格相得益彰。设计师赫曼·普里格安的场所雕塑作品代表和再现了莱茵河、易北河的场所文化，充实了该区域持续的演变过程。

在我国的一些城市里，设计师也利用本地区的自然景观资源或人文资源，先后建成了一批主题性公园，诸如各种植物园、动物园、雕塑公园、科普公园、烈士陵园、体育公园、森林公园、海洋公园、地质公园、矿山公园、民俗文化园等，或以名人佚事及历史遗迹为题材进行设计的公园。近年来，还有在城市现代化建设中形成的以建筑景观为主体的开放公园，这些公园的占地面积有的已在百公顷乃至上千公顷以上。一批设计新颖、环境宜人的公园的出现使公共艺术的介入有了更大、更理想的空间。在公园规划建设中，对公共艺术的重视程度较之以前也有了不小的提升。当前国内的一些城市公园及其公共艺术建设的情形，已经给人们留下了较为深刻的印象。

当代公园及其公共艺术建设肩负着重要任务：为市民提供身心健康和文化修养的良好环境，并保障城市生态系统的可持续发展。

四、公共艺术设计与城市道路空间建设

城市道路对于城市而言犹如骨骼，是城市空间的框架。在现代城市中，道路空间不仅要满足通行需求，更要兼顾城市的风貌，体现城市的气质与文化底蕴。因此，公共艺术设计也是现代城市道路空间建设必不可少的组成部分。

随着社会的不断前行与科技的日新月异，城市居民的物质享受与精神追求均实现了显著的飞跃，生活水准也得到了长足的提升。随着中国对外开放步伐的加快，民众的审美观念逐渐深化，对城市公共环境空间的品质以及公共文化的内涵提出了更为严苛的要求，审美鉴赏能力也在稳步增强。在此背景下，中国城市道路空间的公共艺术亦迎来了蓬勃的发展。

根据交通类别的不同，可以将如今城市中的道路空间大致分为三种：一是主要供机动车行驶的景观大道；二是步行、车行混合的生活性街道；三是主要供人们步行的商业步行街。这三种道路空间的公共艺术设计有着不同的特点。

（一）景观大道的公共艺术设计

景观大道作为城市绿地景观系统的重要组成部分，是城市对外交流的重要门户，联系着城市的各大功能区，有交通与景观两大功能，对形成特色鲜明、绿意盎然的城市风貌具有非常重要的作用。

景观大道的公共艺术设计需以快速交通的需求为设计基点，同时兼顾高速通行时的艺术观赏性。因此，城市公共艺术品的形态设计应以简洁明快为追求，色彩搭配需与周边景致相得益彰，同时其规模尺度亦需与周边环境和谐统一，具备独特的识别性。在景观大道上巧妙布局的公共艺术品，能够为城市空间增添一抹亮色，达到画龙点睛的效果。例如，青岛东海路、厦门环岛路、深圳深南大道等，都是典型的成功案例。东海路，青岛市内一条蜚声遐迩的城市景观大道，沿着前海海滨绵延铺展，全长达12.8千米，其建设始于1998年，是青岛市在21世纪开启之际所实施的关键性基础设施建设项目之一。此道路两侧分别配备有宽度为10米的绿化区域。东海路沿线的重要地段，精心规划了8个雕塑集群区，并沿途布置了富含海洋文化元素的景观雕塑装饰。这些雕塑作品在材质选择、尺寸设计以及色彩搭配上，均与环境完美融合，凸显了青岛作为"海滨城市"的独特魅力。迄今，东海路已成为一处海滨旅游胜地，赢得了全球游客的广泛赞誉。其景观大道不仅为城市环境增色添彩，更以其和谐融洽的雕塑艺术赢得了公众的喜爱。

城市景观道路的公共艺术的建设应紧密结合城市文化，反映城市的地域特色。鉴于快速路上车辆行驶较快，通常只能形成短暂的视觉体验，因此，设计时首先要考虑作品的规模、色彩和形态，以增强其视觉影响力和吸引力。

（二）生活性道路的公共艺术设计

生活性道路作为步行与车行多功能共存的街道，构成了城市居民日常生活、工作和娱乐活动的重要空间。这些街道不仅充满了生活气息，而且是城市中最活跃、使用频率最高的公共空间之一，为公共艺术设计提供了理想的展示平台。

然而，目前我国生活性道路的公共艺术设计相对其他类型的城市空间而言是滞后的。因为对于外来游客而言，城市的景观大道和商业街道才是他们更常去的空间场所，有的城市为了提高城市形象，多将公共艺术作品设置在这两种道路空间中，展示给外来游客。但实际上，生活性街道才是真正体现城市文化气质的空间，城市形象建设不能只注重表面功夫，而是要让公共艺术真正深入居民的生活，生活性道路的城市公共艺术应是一个重要的切入点。

杭州市的南山路就是典型的生活性道路，道路两旁是与居民日常生活联系紧密的建筑和生活设施，如居住建筑、餐饮娱乐和其他商业服务建筑等。由于车速较慢、行人较多，人们有充足的时间欣赏道路两侧的建筑以及空间环境，因此街道空间的建设必须注重观赏性与艺术性。南山路沿路建筑物外立面、公共环境设施、城市雕塑都进行了统一处理，不仅精致、耐看，而且色彩和谐，充分满足行人的视觉要求。

宽窄巷子历史文化保护区坐落在成都市城西，是成都这个古老又年轻的城市往昔的缩影，由宽巷子、窄巷子和井巷子三条平行排列的老式街道及其之间的四合院落群组成。宽窄巷子是成都市三大历史文化保护区之一，于20世纪80年代列入"成都历史文化名城保护规划"。宽窄巷子的建设与改造以原来的建筑为基础，在保护历史街区文化特色的基础上，力求将休闲娱乐与旅游商业结合起来，秉承策划为精髓，保护为基础，修复要尊重原貌，留存历史风貌的理念。宽窄巷子作为成都文化的缩影，不仅记录了这座城市悠久的历史和丰富的生活记忆，也孕育了现代成都的精神面貌，展现了成都人独特的生活哲学。

（三）商业步行街的公共艺术设计

商业步行街作为集购物、休闲与娱乐于一体的综合性商业区域，其公共艺术设计因独特的商业氛围而与其他街道的公共艺术作品呈现鲜明的对比。随着经济的持续繁荣，城市商业活动愈加繁盛，商业步行街的空间规划更加注重人性化设计，增设了舒适的休息区、精致的街道设施及富有创意的景观元素，旨在优化顾客的游览体验，使其沉浸于浓厚的商业氛围之中。

目前，商业步行街的公共艺术已经成为城市公共艺术不可或缺的一部分，北京的世贸天阶的公共艺术设计就是国内较为经典的商业步行街公共艺术设计。世贸天阶的商业廊采用全石材建造，展现了现代风格与古典韵味的完美融合。其上方，亚洲首座、全球第三大的电子梦幻天幕高悬，成为一大亮点。这个长250米、宽30米的巨型天幕，由荣获奥斯卡奖和四次艾美奖的好莱坞舞台设计大师杰里米·雷尔顿亲自设计，成为空间的视觉焦点。这座天幕通过声光组合，为商业街营造出梦幻般的色彩和时尚气息，成为吸引游客的高级景观。

五、公共艺术设计与城市社区空间建设

在文化习俗、社会制度和道德规范等关系上，社区是存在着较为久远的内在影响和普遍联系的整合体，并体现在超越各阶层具体利益的文化价值与内心情感的关联和认同上。社区空间是指社区的人们共同生活的场所空间。然而，社区空间不仅具有地域属性，它还包括在同一地域的人群之间所产生的社会关系、信守的契约制度及自然形成的生活方式，

对内部社会具有一定归属感和认同感的一个相对独立的利益实体。人们在社区中构成了一种共生、共存以至休戚与共的利害关系。社区空间的公共艺术设计必须考虑社区空间的社会属性。

社区可以大到一个在经济结构、地理结构和文化形态等元素复杂多样的地区以至一个民族的广大辖区，也可以小到一个自然村落或城市中一个聚集的住宅片区。在社区功能类型上，常依据其自身主要的生产方式、经济结构和日常活动类型等加以区分，包括居住社区、商业社区、工业社区、科研社区、教育社区以及综合社区等。不同类型的社区通常营造出不同风格的公共艺术景观，如居住社区为利用院落空地，有计划地栽种各种观赏性植物，布置满足装饰、休养、娱乐功能的公共艺术品。花园从自然转为人工艺术的处理，是模拟自然的最有效手段，是住宅的直接附属物，它将生活区域扩展到大自然中。正是这些花园为今日常见的私人小型庭园提供了最好的借鉴。

在现代城市环境中，社会交往和公共生活的减少导致人与人之间变得日益疏远。为了应对这一现象，需要创造共同的话题和语言，以促进人们之间建立更紧密和亲切的关系。

当代公共艺术设计在社区空间的应用，特别是在老旧居民区的改造和新兴社区的发展中，发挥着重要作用。艺术介入，不仅可以美化社区环境，还能增强社区的凝聚力，提供交流的场所和话题，从而促进邻里间的互动和社区文化的建设。公共艺术在社区的立足和正常发展，在相当的程度上依赖社区现行人事体制的改革和保障。社区管理服务机构的改革与完善，为社区长期的建设，包括对社区文化与公共艺术事业的推动，增添必不可少的基础性条件。一个社区的文化形态及其公共艺术的建设应该是依据其内在的社会结构、类型特点、功能要求及其文化特性而决定的公共艺术在社区的表现和作用，绝不仅是在外表形式上建立几处雕塑或壁画，也不只是配合景观环境的形式美感的塑造而搞些社区美化，更重要的是能够以艺术的方式和公众参与的方式去反映本社区的利益主体及其公共精神、文化意志、价值理想、文化特征以及社区形象等。

六、公共艺术设计与城市门户空间建设

城市入口作为城市的门户空间，充当着城市与外界连接的纽带，是人流和物流的必经之路。这一空间在很大程度上象征着城市的形象，并与城市的道路、公园、广场和街区共同构成了城市的空间结构。因此，城市门户空间在地理上具有其独特性。它不仅是城市形象链中的关键一环，还承载着城市的特质和内涵，反映城市的文明和进步。在新时代背景下，公共艺术在城市门户空间的塑造中扮演着至关重要的角色，对城市形象的影响不容忽

视。城市公共艺术作为城市门户空间的关键组成部分，其成功与否将决定它成为提升城市形象的亮点还是不协调的元素。

例如，上海浦东国际机场是世界各地游客到达上海、进入中国的第一站，空间环境的建设事关国家形象。公共艺术设计作为公共空间最有效提升整体品质的手段，受到机场的高度重视，因此投入巨额资金与上海证大文化公司合作，在T2航站楼内打造人文环境艺术项目。该项目汇集了三十余位国内在陶瓷、绘画、雕塑等艺术领域具有重要影响力的知名艺术家的杰出作品，旨在充分展示中华传统文化的精髓以及当代中国公共艺术的创新发展。这些艺术作品被巧妙地整合进机场空间，实现了"人文环境艺术"与机场环境的和谐融合，以"归去来兮：艺术让生活更美好"为主题，依据"艺术与环境相融合、环境与人文相协调"的理念，浦东机场成功地呈现了人与环境、环境与艺术、艺术与人之间和谐共生的关系。艺术品不仅与机场环境相得益彰，还以其独特魅力在空间中绽放光芒，丰富了机场的整体氛围，继而全面提升浦东机场空间文化内涵与艺术特色，用艺术文化的感染力陶冶情操、抚慰心灵、激发豪情，增强人们内心世界的丰富感，为候机旅行增添一份美的享受。

第五章

数字化视域下城市公共艺术设计的发展

随着数字化技术的飞速发展，信息的传达和视觉文化也随之日益丰富。在数字化时代背景下，城市公共艺术设计面临着变革带来的一系列机遇和挑战。数字化技术的发展，不仅为城市公共艺术创作提供了新的工具和平台，也为艺术表达和传播开辟了新的路径。本章将主要探讨数字化视域下城市公共艺术设计的发展，对其交互系统设计及具体应用展开研究。

第一节 数字化公共艺术设计概述

数字化公共艺术设计是一种将数字技术与公共艺术结合的创新实践，旨在通过现代科技手段增强公共艺术作品的互动性、可达性和表现力。本节将从数字化公共艺术的角度出发，对其概念、形成基础、基本特征等方面进行论述。

一、数字化公共艺术的概念界定

"公共艺术"（Public Art）作为一种艺术概念出现在中国艺术界，始于20世纪90年代，经过20多年的发展，现已成为社会上耳熟能详的专门术语。尽管一些从业者已掌握且驾轻就熟，但熟练并不等于真正通晓其内涵。当初，我国运用这一概念就是为了改进城市的居住环境，加快城市公共文化建设，提升城市的对外宣传形象，试图借鉴西方国家以往的成功经验解决国内问题，从而实现与国际接轨的目的。与此相应的是，一些专家学者也从欧美当代文艺理论中找到了具有说服力的文献资料，最终使"公共艺术"在我国艺术界成为流行语词。这一艺术概念的诞生，预示着我国公共文化艺术的建设事业迎来了前所未有的时机。

从技术与艺术的关系来看，数字化城市公共艺术代表了数字技术与城市艺术的结合。从这个视角出发，可以将数字化公共艺术看作是一个跨领域的融合体，其中结合了电影艺术、装置艺术、视觉艺术、音乐艺术等多种艺术形式。这种艺术形式不仅利用计算机、投影设备、触摸屏、移动通信设备等作为展示工具，也融入了传统艺术创作材料。从技术实现的视角，数字化公共艺术的创作过程综合运用了计算机技术、影像技术、虚拟现实技术、互联网技术、全息投影技术以及交互感应技术等多种高科技手段，创造出互动性强、体验感丰富的作品。

此外，数字化公共艺术与通常所称的新媒体艺术有着交叉重合性，也有人将其称为电子艺术、数字艺术等，这些可以视为是公共艺术中的一种数字化的趋向，也可理解为是新媒体艺术对公共艺术的介入。新媒体艺术指的是一种以光学媒介和电子媒介为基本语言的新艺术学科门类，建立在以数字技术为核心的基础之上。

二、数字化公共艺术的技术基础

随着计算机技术、虚拟现实技术及网络技术的发展，新媒体艺术的媒介更为多元化，影像媒介、互动媒介、声音媒介、光电媒介等层出不穷，艺术的语言与视角得到前所未有的开拓。

（一）虚拟现实技术的发展

数字化公共艺术通常具有较强的交互性，而交互性的产生离不开虚拟现实技术（Virtual Reality，VR）的应用。虚拟现实技术是一种多媒体技术广泛应用后兴起的更高层次的计算机用户接口技术，它综合利用计算机图形学、人机交互技术、仿真技术、多媒体技术、人工智能技术、网络技术、并行处理技术和传感技术等，利用计算机生成逼真的三维影像和多维虚拟感觉环境，给观者带来多种感官体验，如视觉、听觉、触觉、味觉或嗅觉等，并通过多种传感设备使观者融入虚拟环境中，通过适当的装置，自然地对虚拟世界进行体验和交互作用。虚拟现实技术为数字化公共艺术提供了全新的展示方式和人机交互式操作环境，具有实时的三维空间表现力，从而给人带来身临其境之感。它以仿真的方式给观者创造一个实时反映实体对象变化与相互作用的三维虚拟世界，并借助传感设备，给人们提供一个观测和与虚拟世界交互的三维界面。人们可以直接观察、触摸和检测虚拟世界，并能够通过语言、手势等自然的方式与之进行实时交互，使人和计算机融为一体。当使用者位置移动时，计算机立即进行复杂的运算，同时将精确的三维影像回传，从而使人产生身临其境之感，并能够突破时空等客观限制，感受到真实世界中难以达成的体验。

（二）增强现实技术的发明

增强现实技术（Augmented Reality，AR）通过实时计算摄像头捕捉到的影像的位置和角度，并在其上叠加图像、视频或3D模型，旨在实现虚拟信息与现实世界的无缝融合和互动。这项技术让用户能够在屏幕上看到现实场景中融入的虚拟元素，提供了一种新颖的交互体验。

增强现实技术的核心是在现实世界的基础上叠加显示虚拟元素。这项技术通过传感器或其他数据采集工具感知和分析现实环境，实现虚拟对象与现实场景的精确对齐和融合。增强现实技术涵盖了计算机视觉、数据采集、精确定位，以及多动态传感器的集成应用。将 AR 技术应用于数字化公共艺术中，具有以下三个方面的优势。

第一，打破传统技术限制，具备较强虚拟性。增强现实技术的应用和普及打破了人们对传统现实世界的感知界限。它在三维空间中创造了一个虚拟的二维界面，与现实环境相结合，实现了叠加效果。许多原本受现实世界物理规律（如重力、质量、体积等）限制的想法和设计，在其中都变得可行。用户只需发挥创造力和想象力，就能体验到这项技术带来的无限可能性。在公共空间中，增强现实技术有潜力取代传统的户外广告和导航指示系统；在公共艺术领域，它为创作者提供了实现前所未有创意的可能性。例如，艺术家可以无视重力和物理结构的限制，让宏伟的公共艺术作品在城市天际线中悬浮或屹立，创造出类似电影《攻壳机动队》中的场景：巨大的广告和艺术装置在摩天大楼间高耸，街头巷尾则有虚拟的鱼群或其他物体在游动。这种技术的应用为公共艺术带来了崭新的表现手法，也为城市景观增添了前所未有的互动性。

第二，具备较强交互性与多变性。增强现实公共艺术依托数字化技术，而不依赖物理形态，能够通过数字信息技术进行创新和变化。这种艺术形式允许与观众进行直接的互动，观众可以通过互动设备在一定程度上参与作品的创作或形态变化中。仅需网络或无线通信技术等连接手段就能实现传统艺术难以达到的效果，还能减少一大笔成本开销。

第三，高度自由化。传统公共艺术作品在创作时常常受限于空间大小、气候条件、结构稳定性、材料选择和成本等因素，这可能导致艺术效果大打折扣。相比之下，AR 技术下的虚拟公共艺术不受这些外部条件的约束。创作者无须担忧风雪带来的负荷，不必考虑材料和结构的限制，也不受成本的制约，能够更自由地发挥创意。他们能够实现那些传统实体材料难以达成的设计，甚至让艺术作品摆脱重力的束缚，漂浮到空中。

（三）数字交互技术的出现

历史上，中国的传统理念"天人合一"与西方的人文主义思想，都一直在强调人的核心地位，关注人与环境的和谐共存，并意图通过艺术体现这种联系。这些思想传统促进了对人类、艺术作品与环境三者关系的深入思考。现代社会高度信息化，信息的获取、处理、传递和分配渗透到生活的每个角落。人们渴望获取各类信息，包括艺术作品。公共艺术作品因其开放性，在艺术表现上具有独特优势，能够通过直观、创新或直接的方式向观众传递信息。观众可以直接或间接参与艺术创作，将个人感受和想法反馈给作品设计师或艺家，甚至作品本身就是为了观众的参与而设计，使参与者成为作品的一部分。这种互动创造了艺术表现的新方向，并在人与作品、人与公共空间、作品与空间之间建立了特殊的联系，形成了一种新的艺术表现形式。

数字技术支持的交互式公共艺术拥有多样的表现形式，但其核心特征在于与观众的直接互动。通过与多媒体、机械装置等技术手段的融合，艺术作品能够根据互动改变其图形、影像、色彩、声音以及形态。

互动装置所具备的技术条件一般如下：第一，能够感知外部某种变化，一般通过各种类型的传感器实现，这是信息的采集输入过程；第二，能够对所采集的变化信息进行处理，进行逻辑的分析后得到结果，一般通过处理器和软件实现；第三，对采集处理的结果进行反馈和执行。

（四）全息投影技术

全息投影技术，也称为全息 3D 技术或虚拟成像技术，是一种基于光波干涉和衍射原理捕捉并重现物体的三维图像的技术。它能够记录物体反射或透射的光波的所有信息，包括振幅和相位，从而展示物体真实的三维形态。这项技术在许多电影中有所体现，例如《星球大战》系列和《阿凡达》。全息投影技术的发明归功于英国匈牙利裔物理学家丹尼斯·盖伯，他在1947年创造了这项技术，后来凭此获得了诺贝尔物理学奖。

全息投影技术的特点在于，观众可以在不借助任何辅助设备的情况下，从不同的角度观察影像的多个侧面，从而产生立体视觉效果。这种技术允许人们在影像中穿行，体验到仿佛置身其中的三维场景。但现实中，全息投影技术尚未完全达到科幻电影中所描绘的水平，仍然是一个发展中的概念性技术。全息投影能为我们呈现立体图像，不仅是因为其捕捉了光波的振幅，还捕捉了相位信息，从而能够完整地再现物体的三维形态。相比之下，传统的 2D 成像技术，如摄影，仅记录了光的强度（振幅），而没有记录相位信息，因此无法形成立体图像。全息投影在计算上非常复杂，需要处理大量的空间数据。同时，全息投影需要将光线投射到空间中的介质上以产生反射，但空气中并无合适的介质来反射光线。为了解决这一问题，研究人员探索了多种方法，包括使用红外激光在空间中产生等离子体。这些等离子体充当了激光栅格的"节点"，当红外激光脉冲通过这些节点时，它们能在极短的时间内形成多个光点，这些光点悬浮在光源上方，共同构成了逼真的 3D 图像。

目前，全息投影技术的应用仅处在实验室研发阶段，还没有达到能够商用的阶段，还有待更多公共艺术创作者的开发与创新。而裸眼 3D 动态显示技术或伪全息投影技术等其他技术，已经能够实现全息投影的部分效果，并且能在一定范围内用于商业用途，也是数字化公共艺术中目前应用最广泛的类全息投影技术。

（五）数字化辅助技术

在创作过程中，艺术家和设计师们借助计算机图形（Computer Graphics，CG）技术对作品进行视觉模拟和环境再现。这不仅可以在设计阶段对作品的实际形态和环境适应性进行预览，还能通过模拟现实场景探究不同比例与环境之间的协调性。

在数字化公共艺术的创作中，通过建立准确的数字模型，能够科学地计算公共艺术作品在体量、预算、材料强度、结构、风雪荷载等方面的可行性。例如，在沿海或台风区创作公共艺术作品时，就有必要进行风洞试验和其他载荷试验，需要建立等比例的数字模型或实体模型进行一系列的科学计算，通过试验数据对设计方案进行修改或优化，而这整个过程是其他非数字化手段无法达到的。

三、数字化公共艺术的基本特征

在虚拟现实和多媒体艺术的共同推动下，数字化公共艺术呈现以下六个方面的特征。

（一）公共性

公共性是公共艺术的核心特征。与个人艺术表达不同，公共艺术作品旨在为大众提供欣赏和参与的机会，是一种集体共享的艺术形式，具有明显的公共性质。自其诞生之初，公共艺术就作为一种公共文化符号存在，反映了社会结构、政治态度、文化价值和科技能力等多方面的象征意义，这使其与私人领域的美术作品区别开来。城市公共艺术的公共性不仅限于作品的普遍可及性，更重要的是它关注提升公众的认知水平和增加他们在艺术创作与展示中的权重。

数字化公共艺术的公共性不仅体现在其艺术形式对公众的开放性，更关键的是这些作品需要被安置在公共空间，确保大众能够接触和体验。无论是永久性地设置在户外如城市广场、公园，还是室内如商场、机场、火车站、码头等公共区域，还是临时性地在美术馆、博物馆、画廊、广场、公园等空间展出，所有这些场合中的艺术作品都被视为数字化公共艺术的一部分。因此，在这些公共性场地进行创作的数字化公共艺术，也自然而然地具备公共性这一基本特征。

（二）沉浸性

数字化公共艺术的沉浸性是虚拟现实技术赋予的一个特征，具体是指人沉浸在计算机创造的仿真世界中，产生一种仿若身临其境的真实体验。数字化公共艺术沉浸性的实现，往往依赖多种虚拟现实技术的支持，如基于图形的几何建模技术、基于图像的建模技术、真实感实时绘制技术、基于网络的虚拟现实技术以及借助一些辅助传感设备，对人的各种感觉进行模拟。同时，还可借助头戴式显示器（Head-mounted Display）、数据手套（Data Glove）、数字衣（Digital Coat）等，使人们在观赏公共艺术时沉浸在一种人工虚拟环境中，通过虚拟现实软件及其外部传感设备与计算机进行交互。

（三）公众参与性

数字化公共艺术的公众参与性是基于虚拟现实技术的交互性展开的。交互性是虚拟现实技术的重要特征，指参与者通过专门设备，用自然技能对模拟环境考察与操作的程度，以及对虚拟环境内物体的可操作程度和从环境得到反馈的自然程度。随着数字时代的到来，新媒体在公共艺术领域展现了巨大的发挥空间。虚拟现实技术具备的多媒体融合与即时交互的特性，赋予了公共艺术广泛的公众参与特征。这些艺术形态因其直观、动态的形象，互动、参与的形式，充分营造了具有临场感的参观体验，在表达特定主题之时具有突出的表现力。

此外，数字化公共艺术的公众参与性还体现在其多样的互动性方面。数字技术驱动的公共艺术能够利用多样化的技术手段和方法，将互动性这一特点发挥到极致。例如，在互动形式上，可以通过肢体动作、触摸屏幕、声音控制等多种方式与艺术作品进行交流；在表现手法上，可以通过视频、灯光、声音乃至形态的变化来实现互动。这些技术的应用为艺术家提供了丰富的创作可能性。

（四）多感知性

多感知性指除一般计算机技术所具有的视觉感知之外，还包括听觉、触觉、运动感知，乃至味觉和嗅觉感知等。理想的虚拟现实技术应该包含人所具有的一切感知功能，但由于现阶段技术的限制，目前虚拟现实技术所具有的感知功能暂时限于视觉、听觉、触觉及运动感知等几方面。

从某种程度上说，公共艺术是一种基于当代社会公共生活、公民文化权利等的理念，在此理念下，各种艺术形式都可介入其中，这也使公共艺术呈现出异彩纷呈的面貌。在这个瞬息万变的信息时代，公共艺术的范畴持续扩大，成为一个不断演变、边界开放的概念。在城市的各种公共空间中，以互动装置、数字影像、LED艺术等为代表的数字化公共艺术形式日益增多，成为引人注目的视觉艺术表现。与传统静态艺术作品相比，这些数字化艺术不仅在视觉表现力和形象张力上更为突出，同时也体现了数字化时代的独特性。各类数字化公共艺术利用新兴的科技手段综合创作材料，甚至将视觉、听觉、触觉糅合在一起，形成一个复合的艺术形态，多方位刺激人的感官，利用虚拟现实技术营造充满临场感的体验，全方位、生动地展现表达的主题和信息，亦能充分调动公众参与、交流、互动。

简而言之，虚拟现实技术的主要特征就是让观者通过逼真的影像和场景以及与之的互动，让人感觉是计算机虚拟的世界中的一部分，沉浸在充满想象力的空间中进行各种操作，充分调动多种感官，产生各种自然真实的体验，由被动的观看者变成主动的参与者。数字化公共艺术中的交互性也主要由虚拟现实技术的应用而产生。在科学技术高速发展的今天，人类的视觉图像语言得到了空前的开拓，艺术的视角和语言也发生了根本的变化。各类虚拟现实技术和艺术设计创意的融汇，使得数字化公共艺术具有较强的吸引力，集图、文、声、影像等于一体的多媒体表现形式及三维互动、虚拟漫游等形式，使得参观的过程更具交互性与沉浸性，为观众营造充满临场感的观看体验，使之能在计算机营造的虚拟场景中与作品进行互动和对话，这不仅有助于增强参观的效果，也有益于提升作品理念传达与内涵阐释的效果，能够增强其对于作品的理解，并产生进一步了解的兴趣，从而使信息的传达更为高效。

（五）趣味性

趣味性能够使与艺术作品互动的参与者产生愉悦感，并更深层次地体验作品所传递的情感和思想。趣味性与互动性是相得益彰的两个要素。在当代公共艺术的创作中，作品的趣味性越来越受到重视，创作手法趋向于独特性、生动性和创新性。特别是在基于数字化技术的公共艺术领域，其创作优势尤为显著，通过声音、光线、电子技术、机械运动等多种手段，可以创造出更具趣味性的艺术作品，使人们在欣赏艺术时能够获得更多的乐趣。

（六）非物质性

与传统公共艺术一样，数字公共艺术"并非一种艺术样式"，但它却可以采用丰富的数字艺术形式和不同的数字媒体"场"来实现艺术的新创造，这就是数字公共艺术的非物质性表现。具体表现形态有智能建筑、地景景观、互动装置、幻影成像、网络遥在、灯光光景、水景喷泉、焰火表演等。

数字化公共艺术所拥有的"智能交互""虚拟现实"和"远程遥控"等数字技术使之全然不同于传统静态公共艺术。数字信息技术介入传统公共艺术领域，从而使艺术品"物"的本体和与之存在的场所性质发生了颠覆性转向，如公共艺术由"默然静态"变为"智能动态"，由"真实存在"变为"虚拟现实"，由"此在"欣赏变为"遥在"体验等。由此可见，以虚拟现实等数字技术为依托的数字化公共艺术，本质属性就是其非物质性。这种属性不仅是数字公共艺术及其"场"性的本质反映，而且也是区别于传统公共艺术内涵的根本体现。虽然艺术的物质性与非物质性并非鉴别数字艺术与传统艺术的唯一标准，但也是数字化公共艺术重要的判断指标之一。

四、数字化公共艺术的作用与意义

（一）丰富公共艺术设计的内容

当今世界已迈入虚拟信息化的新技术时代，数字媒体改变了原来物质世界的许多概念，新一代人群在虚拟的空间氛围里成长。在此背景下，公共艺术也在悄悄改变，表现出更加丰富的内容。具体而言，数字化公共艺术给公共艺术设计带来的改变体现在以下四个方面。

第一，数字化公共艺术的发展，传统的静态雕塑往往带有一定说教、倾向，但这种倾向正逐渐减弱。公共艺术的形式和功能正在融合并转化为一种新的"语言"。在这个新交流体系中，人们开始激活感官力量的互动，努力自由地表达自己细腻的感受，而非仅仅传递某种既定的姿态。因此，公共艺术的价值逐渐指向更深层次的人性关怀。

第二，数字化技术的加入打破了公共艺术的传统界限，不再局限于单一的形式，如雕塑、景观或表演等。它以一种跨领域的有机融合形态呈现，形成了一种全新的艺术表达。这种艺术形式与人类建立了一种"共生"关系，能够以最自然的方式引发变化，潜移默化地影响现代社会的环境。在这种强调互动性和受众体验的氛围中，艺术展览或欣赏转变为一个动态的、可参与的过程。越来越开放的感知体验空间，能够让公众共享那种不确定的内在体验，从而让实在的生命成为公共艺术的主角。

第三，数字媒体技术的应用为公众提供了一种全面且多维度的公共艺术体验。设计师将多种感官体验融入作品创作，利用材质特性、视觉表现以及空间元素的多样化设计，让观众能够参与到艺术作品的互动中，从而获得独特的视觉享受。这种融合了创新技术与感官体验的艺术形式，不仅丰富了观众的感知，也拓宽了公共艺术的表达方式，提高了观众参与度，将影像、装置、表演与灯光等艺术表现形式都囊括其中，用以实现艺术家的创作目的。

第四，城市公共艺术的设计宗旨在于满足城市居民的基本生活行为和精神需求，依据城市空间的特点进行合理规划。在现有的环境条件下，它能够充分展现人们的审美偏好和艺术形式，实现艺术与城市环境的和谐融合。数字化技术的融入，使城市公共艺术从过去的受众被动式接收转换为受众主动参与艺术作品的设计，持续演变成为公共艺术创作中的一个核心议题，尤其是随着交互性活动的引入，它进一步强化了观众与艺术作品之间的互动和对话。在数字化公共艺术的推进下，公共艺术作品都能够参与到多样化的艺术交互活动中，利用计算机技术实现了参与者与艺术作品之间的顺畅互动。

（二）创新公共艺术的载体形式

通常情况下，在提到公共艺术载体形式时，人们通常将城市雕塑、壁画等视为传统的公共艺术形式。本质上，公共艺术依赖于室外公共空间作为其载体，如城市广场的铺装或公园的草坪，这些是公共艺术的主要物质基础。随着科技进步和经济发展，新材料的出现为公共艺术提供了更广泛的选择空间，也对设计师在材料运用上提出了新的要求。设计师需要考虑形状、颜色以及材料内在的表达，从单一材料到复合艺术载体的要求。交互性公共艺术作品在新形势下需要探索新的载体和形式，以适应时代发展，展现公共艺术的新魅力。

对于艺术家来说，材料是艺术表达情感、思想和意志的重要媒介，它构成了艺术作品的独特语言和载体。随着多媒体和信息技术的兴起，艺术在材料使用和形式表现上经历了前所未有的发展。传统的艺术形式，如绘画、雕塑、书法、小说和音乐等，它们通常以平面和印刷媒介为基础，现在正面临电子传播媒介带来的显著影响和挑战。

在20世纪60年代，艺术界开始重视观众与作品之间的互动，这被视为一种雄心勃勃且具有创新性的新艺术形式。许多艺术家以互动为核心理念，创作出邀请观众参与的作品，从而改变了传统的艺术成品观念。这种参与性使得观众在艺术体验中扮演了更加主动的角色，他们对作品的评价变得更加个性化和主观化。艺术家与观众之间的界限开始变得模糊。尽管不同的艺术流派有着各自主导的艺术思想，但艺术家们普遍重视材料的运用和探索。这种对材料主体性的认识深化了艺术家对艺术形式的理解，推动了艺术表达方式的革新。

在当代数字技术的背景下，艺术家们不再简单地将各种材料进行组合，而是深入挖掘每种材料的独特属性，通过改变其外观特征并赋予其新的形式和深层含义，创造出新颖的视觉体验。在材料选择方面，公共艺术创作者开始认识到，材料不仅是可以看到、摸到的，还可以闻到、感受到。新的艺术载体一般包括声音、光线、水、雾气等。设计者可综合运用水流、风动、影像、声音等多种载体，进行数字化公共艺术创作。这种新型材料具有高度的灵活性和可变性，能够随时更新和转变，以适应现代人快节奏的生活方式和对变化的追求。艺术载体的表现形式变得多样化。例如，当人们接近一个装有感应装置的喷泉区域时，喷泉会随着脚步的接近而启动，同时喷泉池中响起音乐，水柱随着音乐的节奏舞动、变换。在这里，新材料已经从传统的有形实体转变为无形的存在，从具体的艺术形式演变为抽象的艺术表达，极大地扩展了艺术家的表现手法，使交互式城市公共艺术展现出多样化的特征。

（三）提高公众艺术参与积极性

公众的参与对于城市公共艺术至关重要，它能够赋予作品更丰富的生命力和完整性。没有公众的参与，城市公共艺术作品就像一件半成品。数字化技术的应用为提高公众在城市公共艺术中的参与度提供了可能，让艺术作品更加鲜活、立体且具有吸引力。

数字化技术为公众带来了深层次的精神互动，允许他们从创作者视角体验艺术，从而获得更深层次的感官和情感满足。城市公共艺术旨在与公众建立密切联系，提供视觉、听觉以及精神上的全面体验。通过促进公众参与，艺术作品能够激发公众更强烈的情感共鸣，成为一种可互动、可感知的体验形式。这样的艺术实践有助于缓解现代生活的压力，减少人们对城市的隔阂，使公共艺术真正成为融入日常生活、属于公众的艺术。

总而言之，基于数字技术的公共艺术，在创作领域，城市公共艺术展现出了更广泛的形式多样性，涵盖了计算机艺术、影像、灯光、表演等多种形式。本质上，它是一种根据城市空间的实际布局，结合市民的行为和精神需求，在现有环境中构建的特殊艺术形式，这种形式在一定程度上反映了城市居民的审美偏好和生活哲学。数字技术的进步和计算机技术的应用，使得现代城市公共艺术作品能够与观众进行互动，这在一定程度上展示了科技与艺术的完美结合。交互性不仅是公共艺术的一个普遍特性，更是现代城市公共艺术的核心特征。这种互动性的存在让现代城市公共艺术更加注重公众的参与度，允许观众直接感受艺术作品的魅力，并激发他们的参与热情，从而提升了艺术作品的亲和力和文化意义。城市公共艺术是科技与艺术融合的产物，在数字化时代，这种艺术形式展现出了前所未有的互动性，可以说，数字化时代为城市公共艺术的繁荣注入了新的活力和影响力。

第二节
数字化公共艺术的交互系统与交互设计

数字化公共艺术的核心在于其交互性，它突破了传统艺术作品的静态界限，通过数字媒介与观众建立起动态的互动关系。交互系统作为数字化公共艺术形式的技术支撑，承担着捕捉、处理和反馈观众行为的责任，使艺术作品能够根据观众的参与实时变化，展现出独特的生命力。它不仅关乎艺术作品的功能性和可用性，更涉及艺术表达的深度与广度。优秀的交互设计能够引导观众自然地融入艺术作品，激发其探索与创造的欲望，进而实现艺术与观众之间的情感共鸣和思想交流。因此，本节将围绕数字化公共艺术的交互系统与交互设计展开论述。

一、数字化公共艺术的交互系统

目前，在数字化时代背景下，"互动"已经被广泛应用于互联网、数字电视等数字平台相关领域。互动不仅是一种人与人之间的交流形式，也是人与技术、人与环境之间的沟通方式，通过这种交流实现信息的传递和共享。"互动"作为一种媒介，在艺术与技术、艺术与观众、作品与创作者、创作者与观众之间建立了联系，并形成了相互作用和影响的动态关系。这种交互是双向的沟通过程，是一种参与性的体验。在艺术活动的参与中，交互包括了思想的交流、行为的互动、感官语言的沟通以及心理层面的互动等多种形式。这种互动强调了信息的双向流通，目的在于实现创作者与观众之间的精准对接和交流。

城市公共艺术的互动性必须是全面、有序和规范的，以确保其与城市的整体规划和特色相协调，可以有序地进行。因此，构建一个成熟的城市公共艺术互动系统显得尤为重要。对于数字化城市公共艺术的互动系统，有学者提出："一个完善的城市公共艺术互动系统应该综合考虑三个关键要素：城市公共空间、艺术作品本身以及艺术的受众主体。这三要素可以简化为环境、作品和人。它们相互影响、相互作用，形成了一个多维的互动网络。只有全面考虑并协调这三个要素，才能使城市公共艺术互动系统达到最佳效果。"[1]

---

[1] 王峰、过伟敏：《数字化城市公共艺术的交互设计研究》，《中国美术研究》2012年第4期。

（一）城市公共空间

城市公共空间指的是可访问且非私有领域的所有空间，例如人行道、公共长椅、照明设施、标牌、车辆所用道路以及城市街道、广场和公园内的各个部分。对一个城市的构造来说，城市公共空间具有重要的意义和作用。城市公共空间的主要构成元素有地面、绿地、水面、建筑物、花草树木等。地面、绿地和水体共同构成了城市空间的基础层面，而建筑物、植被等元素则构成了城市空间的垂直或侧向边界。

城市公共空间可以根据不同的标准进行多样化的分类。这种细致的分类有助于人们更深入地理解自己的居住环境，并依据各类城市公共空间的功能、特性和特点来设计和创作相应的公共艺术作品。这样的做法能够促进公共艺术与城市环境的和谐融合，实现艺术与城市特色的完美统一。具体而言，城市公共空间可以根据以下两种分类标准进行划分。

1. 不同使用功能的城市公共空间

第一，广场。广场作为城市中的开放公共空间，扮演着多重角色：它不仅是市民休闲和娱乐的主要场所，也是文化交流的平台，同时还是城市形象的重要体现。相较于公园和商业步行街，广场在展现社会文化、融入社会生活、体现时代特色以及反映区域文化特色方面发挥的作用更为显著。城市广场，通常被用于组织广泛的社交、政治和商业活动，以此吸引个人和团体，为城市公共空间的发展做出贡献。人们在不同的时间、不同的季节从城市的各个地区聚集到这些广场，参加不同类型的活动。

第二，公园。公园是一个城市的绿色空间，在现代化的今天，公园在居民公共生活中的作用也越来越明显。城市不仅需要综合性的居民公园，也需要街区的小公园。现代公园在很大程度上不只是作为个人与自然交流的环境，已经成为有助于公众休闲放松、强身健体，引导公民意识和增加其自然常识的环境。可以说，公园为城市居民提供了多元化的游憩场所。公园与广场具有相似的功能，能够供人们休息、活动。与之不同的是，公园的大部分空间是绿地，因此能够作为城市中的一个"绿色港湾"，营造宜居的空间氛围，促进居民的身心健康。

第三，街道。街道是城市居民用于交通、购物、交流的空间之一。人们在穿越的过程中，实现了交通、购物、交往、安全和认知等活动。对于商业步行街而言，街道的宽度与商业的繁荣成反比。街道空间存在无形之"眼"，街坊之间可以通过经常照面来区分熟人和陌生人从而获得安全感。街道的主要任务是塑造城市风格。街道上遍布廊道，让行人、货物和车辆从原点移动到特定的目的地，这是街道的核心功能。此外，街道沿线可举办丰富多元的商业和娱乐活动，使城市充满活力，互联互通，满足人们的社交需求。

第四，滨水空间，是灵动有活力的空间。城市河流的滨水区域正日益成为城市活力的核心地带。这些地区不仅拥有丰富多样的自然景观，还融合了滨水区的物质空间和人文特色，成为旅游和休闲的热点，同时也是城市居民社交和活动的公共空间。

2. 不同表现形式的城市公共空间

第一，点状空间。点状空间在城市开放空间体系中是一种独特的物质空间形态，能够以灵活的布局渗透并融入城市的不同功能区域，与城市的物质空间相结合，从而形成统一的城市空间结构。同时，点状空间还能保持其独特的个性和独立性。点状空间以点的形式分布于城市中，如广场、公园、绿地等。点状空间的特性主要是集聚性、公共性、场所性、独立性。

第二，线性空间。线性空间是指在城市中按照一定的线性关系布局的空间，它融合了自然元素，形成了具有流动性和景观创造功能的城市综合体系。这类空间通常沿着特定的轴线分布，例如步行道、绿化带或滨水绿廊等。线性空间的主要特点包括其导向性、可通行性、连通性以及对城市空间的划分能力。

总体而言，城市公共空间是城市景观的重要组成部分。在设计城市公共艺术作品时，必须确保作品与周边的公共空间和环境相协调，要求对作品的尺寸、色彩、形态等元素与周围环境的关系进行全面考量。

（二）交互性城市公共艺术作品

城市公共艺术作品是指在城市公共空间中展示的艺术品，它们通常由艺术家创作，旨在美化城市环境、提升公共空间的美学价值，并促进社区的文化发展。传统的城市公共艺术作品有雕塑、壁画、装置艺术、互动艺术等多种形式，它们不仅能为城市增添视觉美感，也常常成为社区身份和文化的象征。

1. 交互性城市公共艺术作品的概念

随着时代的演进，艺术的表达方式及其所使用的媒介材料正在经历变革。城市公共艺术领域正逐步吸纳数字化技术的最新成就。多样化的显示和感应设备，不仅增强了城市公共艺术作品的交互性，也使得艺术与空间的融合方式更为多样化。此外，这些技术的应用也为公共艺术的未来发展提供了坚实的材料基础和技术支持。在数字化公共艺术交互系统下，城市公共艺术呈现出交互性的特征，成为交互性城市公共艺术作品。

交互性城市公共艺术作品的设计宗旨在于提供超越传统感官体验的深层次互动，确保公众在参与过程中获得更丰富的满足感。艺术作品应利用创新的互动机制，如公众的身体动作，来激发独特的互动体验。这种互动不应受限于固定距离，而是应根据作品的特性和公众的体验灵活调整。在创作交互性公共艺术时，必须将人的因素放在首位，深入考虑公众的行为习惯、心理预期、生活背景和生理反应。艺术作品应鼓励公众在互动中找到个人与作品之间的情感联系，通过这种联系促进心灵上的共鸣，实现艺术与公众之间的情感沟通。

2. 交互性城市公共艺术作品的行为类型

交互性公共艺术作品，可以根据行为的不同，分为两种不同的类型。从行为学发生的主客体看，行为可分为被动的行为和主动的行为。因此，交互性公共艺术作品也可以据此被分为主动行为的交互性公共艺术作品和被动行为的交互性公共艺术作品。其中，主动的行为指的是与公众互动的艺术品，本身具有某些机制可以吸引作为客体的公众主动与它进行多样化的互动活动，它会主动引导公众进入活动中，直到整个"行为"完成。具有主动行为的交互艺术品可以利用声音、光电等科技手段实现对公众的引导。如在商场或者展览馆等场所，当公众想要进入为艺术品设计的门禁系统时，门通过感应装置主动打开，并显示房内布局示意图，同时通过声音引导公众的进入及进入后的行走路线。还有一些主动行为是艺术品运用其造型或声光效果来吸引人去使用它进行娱乐，产生互动的关系。如某些激光艺术品，公众参与其中，会被光线牵引，自觉与之互动。

被动行为的交互式艺术品，需要公众进行控制才能实现艺术品的互动功能。被动行为是作为客体的公众控制作为主体的艺术品进行行为活动的方式，这一行为的发生注重人的主观意愿，以人的需求为目的。例如，"城市之光"（Lights in the City）是一个由涂鸦实验室开发的公共艺术互动项目。在这个项目中，参与者可以在距离建筑100米的地方进行远程涂鸦。该系统结合了传统的计算机视觉技术、数字投影仪和高功率激光指示器，创建了一个实时的环境，允许参与者使用光源在墙面、高楼大厦以及城市的其他结构上进行绘画和创作。观众可以使用手中的激光笔进行个性化的艺术创作、传递信息或进行各种宣传活动。这套系统设备安装在一辆三轮自行车上，并配备了2000瓦的音响系统，使得整个设备既高速移动又能够独立控制。这让人们可以在光影交错的体验中自由地表达自己，享受创作的乐趣。❶

---

❶ 陈媛媛：《公共空间的新媒体艺术》，同济大学出版社，2020，第127页。

3. 交互性城市公共艺术作品的行为特点

交互"行为"的设计不能生硬地牵引公众与艺术品发生互动，艺术家和数字技术人员应从声音、视觉、触觉、感应等方面全面考虑公众接受的舒适度，考虑自然互动、和谐互动、友好互动，这要求公共艺术作品的创作过程除了有传统媒介的造型、色彩、材质的亲和力表现，还需有高科技的参与。如今，现代数码媒介正全面参与到公共艺术的创作中来。显像媒介如LED显示屏、投影、可触屏等，光电媒介如脉冲光速、LED灯光、卤素灯、激光等，感应媒介如触摸材质、感应器等都成为现代公共艺术品的新宠。

公共艺术品的行为无论是主动还是被动的，都是以公众的体验为目的，实现公众的行为参与。这需要艺术家关注生活中的细节，大胆地想象，不断探索未知的各种体验方式。因此，一个好的交互性公共艺术作品，应当具备以下三方面的特点。

第一，对交互性公共艺术品而言，良好的行为应该是表现自然。例如，芝加哥千禧公园的皇冠喷泉，设计师乔玛·帕兰萨对于喷泉水流的设计模仿了人嘴部的喷水动作，为作品增添了活力与趣味性。这座喷泉建成后，鼓励公众在反射池内戏水，提供了一种自然而又愉悦的互动体验。这种互动可能是偶然的，也可能是人们主动寻求的，但无疑为人们带来了欢乐，尤其受到了儿童的喜爱。在夏季高温时节，皇冠喷泉甚至成为芝加哥市民避暑休闲的重要场所，进一步强化了其作为公共艺术的"公共性"特征。

第二，交互性公共艺术还应当体现出友好亲切的特点。例如，坐落于武汉东湖的互动雕塑作品《SBI.欢歌》利用光电效应技术，配备了众多光电传感器。当观众轻触激光琴弦时，作品便能发出悦耳的音乐。在夜晚，这些色彩斑斓的激光琴弦更显得如梦似幻，为人们提供了一个演奏音乐的场所。

第三，交互性公共艺术也应当具备一定的游戏性。事实证明，具有游戏性的事物更容易吸引人参与互动。近年来，许多公共艺术的重点都开始由艺术作品本身形式转变成艺术品所营造的情境与观众互动的关系。传统公共艺术的主题总是围绕着形式与风格打转，着重于作品材质与造型的差异性。现代公共艺术家尝试的是将以物体为中心转变成以观众经验为导向的创作方向。由于数码表达的加入，整个公共艺术作品本身变成了巨大的游戏场景，所有身处其中的人都能成为游戏中的一部分，与作品进行密切的互动。例如，雕塑艺术家的创新之作 X Blocks，改变了传统雕塑的观赏性能，将其变为一种可以参与互动的游戏载体。这座雕塑——迷宫，转变为一个游戏的场所，参与者在其中扮演游戏角色。在这个实体的三维空间里，人们必须通过实际的动作来完成游戏挑战。这种互动性赋予参与者更真切的体验感和趣味性，同时也是一种更积极、更健康的参与方式。

除此之外，交互性公共艺术作品的"行为"设计还应考虑体验的真实性（公众在过程体验中将虚拟的游戏场景变成可碰触的真实场景）、健康性（可以让玩家在娱乐的同时锻炼身体）、灵活性（公共艺术品能随时随处满足公众变化着的各种需求）等一系列特点。基于这些特点的交互性公共艺术作品，还有待更多的设计者进行开发。

（三）城市公共艺术的主体

交互式城市公共艺术，作为公共艺术的一个分支，主要服务于长期居住在城市中的市民。这种艺术形式通过互动技术的应用，让观众在公共空间中通过艺术作品的形状、视觉元素、声音、质感、色彩和空间布局等方面，获得一种全方位的感官体验。同时，观众还能参与到艺术作品的创作和展示中，成为艺术互动的一部分。通过这种方式，交互性城市公共艺术不仅丰富了人们的文化生活，也促进了艺术与观众之间的互动交流。

在交互性城市公共艺术中，互动的主体主要涉及两个方面：首先是艺术作品的创作者，他们是艺术构想的发起者；其次是公众，作为艺术作品的接收者、参与者和体验者。这两方共同构成了互动体验、艺术经验和意识形成的基础。

对于交互性城市公共艺术的创作者而言，他们承担着作品的构思者、设计者、制作者和实施者等多重角色。因此，他们需要综合考虑作品选址、使用材料、造型设计、技术应用、公众反应，以及市政规划部门的规定和要求等多个方面。这些因素共同影响着艺术作品的最终互动体验。交互性城市公共艺术创作者是整个互动行为的发起者、引领者和最后的反馈者。互动行为本身也给创作者以一定的想象空间和拓展空间，促使观众来帮助他完成最后的作品，并且制造偶发效果，了解公众对某一事件和社会问题的看法。

观众构成了交互性城市公共艺术的关键参与者，他们的主要目的是接受和体验城市公共艺术作品。在参与城市公共艺术作品的互动时，观众在身体动作、心理感受和行为反应上与艺术品进行全面的互动。这种参与不仅是一种表面的观赏，而是一种深入的、多维度的体验过程。所以说，观众与公共艺术作品的互动不应被视为一种被动的观赏，而应是一种积极主动的参与过程。观众以艺术作品为评价的焦点，通过审美视角进行观察和分析。他们运用联想、想象和感知等思维活动，结合个人的思考和行为与作品互动，从而获得对作品的深刻理解和个性化认知。

（四）交互系统之间的互动关系

1. 公共空间与艺术作品的互动关系

城市公共艺术作品与城市环境紧密相连，它们在物理层面和精神层面上构成了一个相互交织的网。公共艺术作品不仅为城市空间增添美感，同时也能够激发公众的参与和思考，成为社区文化和身份认同的一部分。作为城市文化和居民精神的传播者，城市公共艺术作品也在随着社会的演进、科技的发展以及居民素质的提升，悄无声息地经历着"演变"。

当人们首次接触并了解一个城市时，他们通常会通过城市的艺术作品来感知这个城市的地域特色和文化传统。城市公共艺术作品不仅起到美化环境、塑造城市形象的作用，还在城市空间的划分和功能定位中扮演着关键角色。城市公共艺术作品被安置在公共空间，与周围的建筑、绿地、道路、广场等环境元素相互作用，这些元素对艺术作品本身有着直接或间接的影响。艺术作品与其所在环境之间形成了一种互补的紧密联系，这种联系在空间形态、尺寸比例、色彩和材质等方面与环境形成协调的对比。

在城市公共艺术作品与公共空间的互动关系中，创作材料也是一个重要的影响因素。公共艺术作品的表现方式往往受限于所选材料的特性，但随着数字化技术的引入，这种情况发生了根本性的转变。在数字化技术尚未应用于公共艺术作品创作之前，传统城市公共艺术作品的创作主要关注最终成品的呈现，作品一旦完成，其创作意图便固定不变，后续的改动仅限于物理性的维护和修复。这导致公共艺术作品在信息传递上呈现出一种单向性的特点。在传统公共艺术作品创作中，创作者与相关部门往往将艺术作品定位为单向的信息传播媒介，忽略了信息交流的双向性。随着时代和科学技术的发展，现代数字技术开始出现，为这一局限提供了突破口，促使公共艺术作品的表现形式和功能发生了质的飞跃。交互式公共艺术作品利用数字化手段，构建了一个包含信息输入与输出的互动系统，实现了与公众的深度互动。这是一种主动的、双向的互动，作品以动态或不确定的状态呈现，是一个具有生命的活动体，通过信息交换来演绎其生命的意义。

2. 艺术作品与艺术主体的互动关系

艺术作品与艺术主体之间的关系，可以从创作者和公众两个角度来探讨。

一方面，从城市公共艺术作品与艺术家的关系角度考虑，传统艺术作品通常被视为艺术家个人创作理念的体现，反映了艺术家个人的审美偏好和思想情感。城市公共艺术作品的创作理念与传统艺术作品截然不同，它旨在成为能够被公众接受和认可的城市象征。在数字技术融入城市公共艺术创作之前，艺术家的作品仅从自身角度出发，关注作品展示的静态效果，创作多为独立完成，未能意识到作品需要公众的参与，也未预见到作品完成后可能发生的"动态"演变。然而，随着数字化技术的引入，艺术家与作品之间的关系经历了翻天覆地的变化。创作主体不再局限于艺术家本人，公众也成了作品创作的一部分，他们从被动参与的观众转变为积极参与的"作者"。这种转变使得城市公共艺术的本质——公共参与和互动性，得到了更加充分的体现。

另一方面，从城市公共艺术作品与公众的互动关系来看，以往的作品是要求人们被动地接受。当网络出现后，人们有了自主选择的权利。现代数字创新技术的出现及其与城市公共艺术的结合，赋予了人们随时筛选视觉信息的能力，并能够有选择性地参与其中，享受自我表达与创新设计的乐趣。在这样的环境下，每个人都能够发掘自己的设计潜能，成为创意的发起者。随着科技的不断进步，城市公共艺术作品也在不断演变，交互技术及设备的运用不仅推动了艺术的发展，也极大地激发了公众参与艺术创作的热情。在这个参与过程中，创作者希望传达的信息也能够更直接地传递给受众方。

3. 艺术主体与公共空间的互动关系

一方面，城市公共空间的设计应融合实用性与审美性。一个拥有优美自然景观、舒适居住环境和丰富文化特色的公共空间，不仅能为居民提供身心放松的场所，还能培养情操、净化心灵，进而塑造城市的独特形象。优质的城市空间应赋予居民更多的话语权，它不仅要满足居民的基本居住需求，还要兼顾居民的心理感受和精神追求，让城市空间成为促进人际交流和共同生活的理想场所。这不仅能够增加艺术主体中的受众方的参与感和愉悦感，还能引发处于城市公共空间创作者的创作兴趣。

另一方面，城市公共艺术主体在与城市空间的互动中，应当动态性地主动适应所处城市空间中的人文、地理环境，应当对环境中事物发生的变化等产生的信息进行接收、识别、储存、加工等。从艺术创作者的视角出发，艺术家和具有高度艺术修养及公共意识的受众群体对塑造城市公共空间具有积极的促进作用。当一个城市的公共艺术家具备高水平的技艺时，他们能够创作出体现城市居民精神和文化特色的公共艺术作品，这些作品不仅传达了他们对城市的理解，也促进他们参与城市的公共建设。此外，如果城市居民接受了公共艺术的教育，培养了强烈的公民意识和社会责任感，他们就能够与政府和艺术家携手，共同维护和改善城市的公共空间，积极参与公共空间的改造和规划工作，为城市公共空间的优化和发展做出积极贡献。

所以，营造现代空间环境需要综合考虑公众的生活习性、审美心理和行为特征等因素。这不仅关乎对环境构成元素或人的审美情感的分析，更关键的是探究激发情感的空间形态。其核心目标是加强人与环境的联系，将人的情感与实体空间紧密结合，实现人与环境之间的友好互动。

二、数字化公共艺术的交互设计方式

在艺术创作领域，艺术家与观众之间的互动是一种重要的交流形式。在传统艺术中，作品与观众之间的互动往往是单向的、被动的，缺乏参与性。相比之下，交互式公共艺术促进了公众的积极参与，作品的形态和表现往往由与公众的互动来驱动，趣味性大幅提高。交互艺术通过艺术家设定规则和算法来构思和创作原始作品，随后鼓励公众参与其中，通过他们的行为来改变作品的表现形式，以此作为对公众互动的响应。这种艺术形式是体验式的、多样化的，且在艺术家的许可和鼓励下进行的。在当今时代背景下，交互式城市公共艺术代表了一种发展趋势，它标志着城市公共艺术与市民文化的融合，同时也是艺术作品亲和力的体现。交互设计通过叙述和引导公众的体验，使公众在与艺术作品互动的过程中参与到故事中，同时，公众也在创造自己的故事，使艺术作品更具启发性和生命力。具体而言，从交互行为的角度来看，交互性城市公共艺术作品与受众之间的交互方式可以分为以下四种。

（一）机械式交互

机械式交互是指在公共艺术作品的设计和创作阶段，艺术家有意或无意地为观众留下了参与的空间。这种设计允许观众近距离接触甚至直接参与其中，使艺术真正进入公众生活。这种基于艺术作品物理和生理特性的互动，标志着公共艺术与公众之间互动的起点，促使设计师和艺术家将关注点扩展到公众身上，超越了单纯的视觉艺术范畴。这促进了公共艺术与环境之间更加人性化的交流，标志着公共艺术向更加关注"人"的方向发展。

例如，起源于1998年瑞士的著名系列交互性公共艺术作品《艺术牛》，就是一种机械的交互方式。这一艺术创作传统在今天已经成为城市公共艺术活动的成功典范，在全球范围内的多个国家和地区举行。当这些装饰性的"艺术牛"进入新的城市，当地的艺术家和居民们会激发自己的创意，利用牛体作为展示平台，绘制出能够代表他们城市文化和地方特色的图案。这一艺术活动在多个国家和地区成为一种流行现象，并激发了人们极大的参与热情。这种互动艺术形式并不依赖高科技元素，艺术作品在互动过程中保持了其原有的物理形态，没有发生根本性的变化，因此它仍然可以被归为机械式互动的一种。

由于技术条件和社会文化背景的限制，机械式互动成为公共艺术互动的初始形式。由于这种互动形式与传统美术形式紧密结合，通常更容易被公众接受。在物质资源和科技水平尚不发达的地区，机械式互动因其简单性和易实施性，仍然是城市公共艺术常用的互动方式。

（二）体验式交互

体验式交互是指让公众在欣赏公共艺术时，能够调动多方面的感官去体验，甚至在体验时可以操作它、改变它，获得参与艺术的享受和快乐，体会到公共艺术互动的内涵。

这种体验式的互动形式又可以分为两种：一种是普通意义上的，即不借助数字技术便可以实现的；另一种则需要借助新技术手段来实现。但无论是哪一种，体验式互动艺术都需要做到一点：创造的艺术作品应当能够包容并激励公众，在特定的空间内将他们从被动的观察者转变为主动的感受者。这种互动不仅限于视觉体验，还要求公众动用所有感官，包括听觉、触觉、嗅觉，乃至味觉。为了激发公众的感知欲并打破其常规思维模式，体验式互动作品中触动感官的元素常常会被刻意放大、加强或以新颖的方式呈现。

（三）创作式交互

创作式交互意味着公众直接参与到艺术作品的创作过程，而不仅仅是在作品完成后进行观赏。虽然让大众参与创作可能听起来有些难以实现，但无论是在当今高科技迅速发展的背景下，还是在过去的几年中，这种创作式互动的公共艺术作品已经展现出了强大的活力，并在全球范围内逐渐流行起来。

在当今社会，公共艺术越来越强调公众的主体地位，创作式互动正逐渐成为公共艺术发展的关键趋势。在所有互动模式中，创作式互动具有最高的参与度和互动性。在新技术的背景下，公共艺术的互动性导致了创作权的转移和技能价值的转变，互动不再只是一种可能性，而成为一种必要的行为。这种艺术作品不再遵循传统的线性叙事方式，而是强调观众的主观能动性、参与性、双向交流和反馈。与传统的公共艺术不同，作品的内容不再完全由艺术家控制，而是将创作权交给了观众。在互动过程中，艺术家与观众共同分享创作权，审美客体得以自由地发挥和创作，实现了艺术创作与欣赏的民主化和个性化。

创作式交互的一个显著形式是参与性的公共影像艺术，这种艺术形式本质上涉及操作者与参与者。在艺术创作中表现这种关系时，往往能够通过简单的外在手段揭示内在精神层面的复杂情感。例如，布鲁斯·诺曼的作品《录像走廊》就是根据人体工程学原理，将观众纳入作品中，使其成为作品变化的一个因素。此类创作实践不仅推动了公共艺术交互性的发展，也预示着更具技术性和设计感的互动多媒体艺术的兴起。

公共艺术作为供大众欣赏的艺术，无论是内容还是形式，都不应该脱离对当下社会生活的人文关怀。❶因此，数字化时代下的交互性公共艺术，在交互设计方式上应当注重创作式的交互，通过公众的参与，公共艺术得以真正融入公共空间和大众生活，服务于城市的建设和公众文化的繁荣。它以美育普及社会，强化了艺术与日常生活的联系，将个人的享受转变为集体的欢乐，将艺术从少数人的专属扩展到大众的共享。这种鼓励公众直接参与艺术创作的方式，正是交互性公共艺术追求的目标和愿景。

（四）虚拟式交互

虚拟式交互是指人对虚拟环境内物体的可操作程度和从环境中得到反馈的自然程度，是数字虚拟技术发展推动下的一种现代性交互方式。虚拟式交互分为视觉虚拟交互和行为虚拟交互两大类。视觉虚拟交互涉及观众与视觉图像之间的互动，艺术作品能够随着观众的视线和动作变化动态生成相应的新图像，提供一种与现实世界中相似的同步感受。行为虚拟交互则关注观众在虚拟空间中的行为及其与物体之间的互动，例如，公共艺术作品能够识别并响应体验者的身体动作，执行如喷水、外形变化、颜色变换等不同的互动效果。

虚拟式交互通常利用多媒体、互联网和数字技术等手段来实现艺术作品与观众之间的互动。这种艺术展示往往呈现为一个随时间变化的空间状态，如在线网络虚拟空间。空间结构的不确定性增添了观众体验的丰富性和动态性，使得城市公共艺术的交互机制展现出多样化的形态特征。

相较于其他互动模式，虚拟式交互因其独特的视觉吸引力和技术特性，在艺术创作上面临的制约相对较小。对于参与者而言，艺术家的情感能够通过虚拟互动平台更直接地传达，而参与者在主动体验的过程中也能体验到自己情感的自然流露。相较于其他互动形式，情感的交流和共鸣在虚拟式交互中更易于实现和显现。例如，艺术家夏洛特·戴维斯的互动作品《渗透》就采用了一种虚拟式交互。这件作品通过三维计算机图像设计了一个沉浸式的交互环境，使观众可以通过这个虚拟现实装置进行一场虚拟的旅行。"旅行"的展开主要是依靠一个布满传感器的背心来进行传导，在开始之前需要先穿上背心，使观众每一次呼吸和运动都能够被捕捉到，然后将该信息传递给系统。在这件艺术作品中，头盔显示器虽然只提供了视觉图像，但它成功地创造了一种仿佛完全沉浸在虚拟环境中的体验。随着

---

❶ 彭伟：《城市建筑投影的公共艺术形态探析》，《装饰》2014年第5期。

观众情绪和生理状态的变化，展示的影像也会相应地进行变化。由于使用了呼吸这一本能的自然过程作为界面技术，观众的潜意识可以通过除了操纵杆或鼠标之外的多种方式与虚拟空间建立联系，从而实现了观众身心状态的可视化。

总之，虚拟式交互艺术的意义与价值在作品与观众的互动中得以显现，展现出无限的可能性。数字化城市公共艺术的虚拟性和交互性赋予了作品生成性和不确定性，这标志着观众在公共艺术作品中角色的根本转变。它为人们呈现了一个充满开放性的世界，一个持续向参与者展现生命力和流动性的世界。

第三节 数字化公共艺术设计的具体应用

随着经济的发展、科技的进步，公共艺术设计中越来越广泛地运用到了各种数字技术，人们对视觉图像的要求也越来越多，开始追求一种互动性的视觉感受，不再是以前被动地接受这些视觉图像，而是从互动参与中得到设计带来的愉悦感受。在数字技术的推动下，公共艺术设计的创作方式有了更多的可能。本节从数字化技术与公共艺术设计的角度出发，探讨有关数字化公共艺术设计的具体应用。

一、数字化公共艺术设计的应用原则

（一）科技性原则

通过运用数字技术，城市公共艺术设计已经从传统艺术技巧的局限中解放出来，融入了现代科技的元素。科技的进步带来了数字艺术这一新形式，它不仅扩展了艺术创作的边界，也更贴近现代人的审美偏好。设计者需要将装置、影像、灯光和计算机等技术融入公共艺术设计，并持续探索科技在公共艺术设计中的新应用，以此来打破传统艺术在时空上的限制。利用声、光、电等多种效果，设计者能够使公共艺术作品更富有动态性和适应性，满足不同环境下观众的审美需求，从而更好地体现数字化公共艺术的独特价值。

数字信息技术与城市公共艺术设计的结合并非简单的相加，而是要求设计者在技术的基础上进行创新的艺术构思。作为一门科学技术，数字信息技术的应用使设计成果展现出其科技属性，显示出技术的价值。这点是设计者在创作过程中必须遵循的科技性原则的原因之一。此外，数字信息技术的应用在城市公共艺术设计中推动了设计领域、形式和内涵向积极的方向发展，对提升设计品质起到了显著作用。例如，传统城市公共艺术设计常受限于时间和空间，但数字信息技术的加入打破了这些界限，扩展了设计的可能，使得之前的限制变得不再重要。数字信息技术的广泛应用使其能够控制和整合多种现实元素，从而丰富了设计的形式和表现。这种技术提供了更直观的内容表达方式，并在多样化的形式基础上，深入挖掘和传达内容，使得设计的深层含义得以体现。这些优势都以科技性为原则，它要求城市公共艺术设计者在使用数字信息技术时，必须考虑其科技属性和潜力，确保设计既具有创新性，又具有技术合理性。因此，科技性原则是设计者在创作过程中遵循的一大核心原则。

（二）体验性原则

传统城市公共艺术设计主要强调观赏性，如园艺和设施布局等，而体验性不足，这导致公众对这些设计逐渐失去兴趣，产生审美疲劳。现代设计理念认为，艺术设计应超越单纯的观赏性，增强体验性，使公众能够通过直接互动获得更深刻的感受。然而，在传统设计中，实现这种价值观念存在困难，因为允许公众直接接触作品可能会加速作品的损耗，从而影响其使用寿命。数字信息技术的应用使其不再担心设计成果物理损坏的问题，并且能够更有效地与公众互动，从而显著提升体验感。与传统设计相比，数字技术增强了作品的互动性。在应用这些技术时，城市公共艺术设计者应遵循体验性原则，充分利用技术带来的优势，以增强公众的参与感和体验效果。

数字信息技术让公众能直接参与城市公共艺术，探索作品内涵，增强情感体验。与传统艺术相比，它打破了观赏限制，允许公众近距离甚至虚拟互动，提供了更丰富的身心体验。设计者利用这些技术创造多样化的体验点，引导公众深入参与艺术，从而更好地理解和感受作品。

（三）虚拟性原则

应用数字信息技术，城市公共艺术在空间范围上得到了无限延伸，设计者可以利用网络空间、虚拟空间打破现实空间的局限，让作品与民众实现多维度交流，从而获得最佳的互动收益。如美国芝加哥千禧公园应用LED显像媒介材料建造的皇冠喷泉就体现了数字艺术的虚拟特点，受众可以隔着玻璃瀑布砖墙，真切地感受墙上呈现的瀑布画面，这其中还穿插了1000位芝加哥居民的面孔以及金字塔等影像，使民众的想象力在虚拟空间中提高，打破了实际环境空间的限制，形成了新的艺术体验形式。

虚拟性原则的内涵相对复杂，其主要体现在设计形式与设计互动方式上。

设计形式，包括数字信息技术下的城市公共艺术设计成果，是虚拟存在的，这也是为什么它们不怕损坏。例如，灯光作为一种虚拟性成果，不会因触摸而损坏，却能现实展示。设计互动方式时，除了现实中的触碰传感器，数字信息技术还提供了其他虚拟互动方式，如通过互联网连接的设备进行互动。公众可以通过虚拟现实设备在虚拟环境中与设计成果进行深度互动。这些措施提升了城市公共艺术设计的价值，因此，在技术设计应用中，遵循虚拟性原则至关重要。

（四）互动性原则

互动性原则是体验性原则的一种延伸。传统城市公共艺术作品往往只强调单向信息传递，如画展提供艺术教育，雕塑传达城市文化。然而现阶段，这种单向交流已不足以满足公众参与的需求。数字信息技术的应用使得艺术作品的设计者和公众能够进行平等、双向的信息交流。设计者根据公众需求，通过空间移动、画面变化、声音调整等手段，使作品色彩、造型动态化，实现情感和思想上的互动交流，从而丰富和完善艺术作品设计。

互动性原则是城市公共艺术设计中除体验性原则之外的另一核心原则。互动性不仅是一种提升体验的手段，也是设计中必须优先考虑的功能。在数字信息技术的应用中，设计者应首先确保作品能够与人进行互动，然后在此基础上增加其他互动元素，以实现互动性原则的要求。在传统的城市公共艺术设计作品中，作品通常只限于观赏，导致信息传递是单向的，缺乏与公众的互动交流。数字信息技术的应用改变了这一现象，例如，通过控制传感器，公众的触碰可以引发灯光变化，甚至实现"书写"的效果。这种互动性原则不仅提升了艺术设计的价值，也加深了公众的体验感。因此，在设计过程中设计者须遵循互动性原则，以增强作品的参与性和互动性。

二、数字化公共艺术设计的应用方式

数字化公共艺术有别于传统公共艺术的一大特性就是科技性。从创作材料来看，数字化公共艺术的创作材料是基于数字技术的媒介材料，这其中包括感应器、LED、数字显像系统、计算机、通信工具、网络等，以及计算机编程技术、虚拟现实技术、交互系统等技术手段和平台。传统公共艺术的创作材料则一般为木材、石材、玻璃、玻璃纤维、水泥、钢板等。从创作过程来看，数字化公共艺术的创作往往要经过建立数字虚拟模型、电路铺装、电路调试、软件测试等步骤，而传统公共艺术在创作过程中大多是没有电子元件介入的。从这个角度来看,数字化公共艺术的应用方式可以通过以下五种方式展开。

(一)数字仿像设计

数字化公共艺术设计中的仿像设计,是借助数字技术对现实世界进行仿像的一种方式。数字仿像的属性在于,它"没有原本可以无限复制的形象,它没有再现性符号的指定所指,纯然是一个自我指涉符号的自足世界"。[1]法国哲学家鲍德里亚在其著作《象征交换与死亡》中,将仿像分为三个阶段:第一阶段是文艺复兴至工业革命初期,以模仿为特点;第二阶段是工业革命中晚期,技术生产的拟像,标志着人类创造力的独立,超越了对原始物的简单模仿,进入了一个逻辑上的拟像世界;第三阶段是基于数字技术的拟像与仿真,这一阶段的拟像融合了前两个阶段的所有特征,通过计算机程序创造出几乎与实物无异的虚拟存在。

可以说,在数字视觉技术时代,传统仿像与现代仿像之间存在根本的区别。与传统仿像依赖镜像式复制不同,数字化仿像更侧重于策划先行,即通过预先设计好的方案,再利用计算机进行数字化创作,形成拟像。传统仿像倾向于通过现有物体的模板来绘制接近现实的图像,而数字仿像则强调主观世界的超现实表达,其作品带有计算机制作特有的"电脑韵味"。这种"韵味"显然区别于传统绘制材料所形成的笔、墨、颜料的雅韵。由此可见,不管是在现实既存物中,或是在虚拟公共场所中,数字公共艺术作品以典型的仿、拟特征,呈现在公共场所领域中,其透过计算机传播媒介,映射出绚丽的时代审美特征。

在数字化公共艺术的仿像设计中,由于数字虚拟技术极强的拟真性,在上海世博会上,许多展馆采用数字拟真技术,模糊了现实与虚拟的界限,创造出超现实的体验。例如,石油馆展示了4D全景拟真影像艺术,播放《石油梦想》科普片,观众佩戴3D眼镜,体验振动、升降和各种特效,获得仿佛置身其中的沉浸感。在影像作品中,侏罗纪时代的地壳运动被生动再现,动物们从悬崖坠落至裂缝,鳄鱼迎面扑来,而座椅与影像同步联动,模拟摇晃感。观众仿佛能感觉到蛇在脚下穿梭,同时伴随着花香和雨水,观众能闻到花朵的芬芳,感受到雨水的清新。4D拟真影像艺术通过银幕、投影机、动感座椅、多声道音响和主机播放器等设备,结合电脑控制的座椅运动,与影像内容同步,调节座椅振动。水汽、雪花、香味等效果由安装在座椅和天花板的控制器操作,与影像同步释放,让观众在视觉、

---

[1] 周宪:《视觉文化的转向》,北京大学出版社,2008,第165页。

听觉、触觉、嗅觉和味觉上获得全面沉浸式体验。❶

（二）异质混合空间设计

异质混合空间是数字公共艺术的一种表现形式，它将不同特性的空间艺术和环境在同一场所中融合，形成一种多元化的空间现象。这种空间的异质性是数字公共艺术空间与传统公共艺术空间的主要区别之一。在这一概念中，"空间"不单指物理场所，而是包括了"真实现实空间""虚拟现实空间""赛博空间""遥在空间"和"音响空间"等多种形式的艺术表现。这些不同性质的空间艺术形式在同一公共场合中并存，既保持各自的独立性，又相互交织；使场所本体既成为完整的艺术作品，又成为承载不同艺术形式的媒体。

总体来看，混合空间可以被划分为现实空间和虚拟空间这两大类别，它们在公共领域的结合为艺术创作带来了丰富的表现手法。艺术作品的介入不仅限于传统绘画和雕塑，还包括了数字艺术的多个分支，如独立的数字动态雕塑、数字机械交互装置、数控照明、数控烟花、数控水艺，以及结合了数字虚拟现实视频和装置的混合艺术作品，还有数字声音艺术等。数字公共艺术通过融入远程"遥在"技术，使得这些艺术形式能够跨越空间限制，形成遥在艺术。此外，通过与多媒体视频影像、便携式图像处理设备的结合，数字公共艺术创造了一个内容丰富、维度多样的混合艺术"场所"，为观众带来了全新的沉浸式体验。

在异质混合空间的设计中，虚拟现实图像及其虚拟"场所"中的虚拟"空间"是网络时代的主要内容，由虚拟现实图像"空间"和虚拟真实现实"空间"构成。从"空间"角度来看，虚拟空间作为一种特殊形式，在数字信息时代到来之前就已经存在。虚拟现实艺术的出现，能够使人们真实地欣赏到三维虚拟物象以图像的方式存在，继而可以感知虚拟空间的存在，但虚拟空间有着多种理解方式。虚拟空间可被归类为三种主要类型，且每种都以其独特的方式拓展了人对空间的感知和体验。第一种是与虚拟现实技术相结合的沉浸式虚拟空间，它通过高度仿真的虚拟环境为用户带来身临其境的体验。例如，互动装置艺术《遨游太空》允许观众坐在飞行模拟器中，通过操纵杆与虚拟宇宙互动，飞行模拟器的动作与屏幕中的环境变化同步，使观众感觉仿佛真实地航行在太空中。第二种虚拟空间通过非在场的媒介呈现，如摄影图片和绘画作品，它们通过视觉艺术捕捉和再现空间，为观众提供了一种通过图像感知空间的方式。第三种虚拟空间依托于互联网技术，特别是通过

---

❶ 蔡顺兴：《场所转向：论数字公共艺术的"场"性》，东南大学出版社，2020，第83页。

虚拟主机技术将单台计算机的功能扩展为多个虚拟主机，创建了一个在网络中无限延伸的虚拟环境。

（三）增强现实空间设计

增强现实空间的设计，借助沉浸式技术和艺术手段，有效地改善了观众的审美体验，允许观众与公共空间互动。在数字公共艺术混合空间中，常常出现类似于增强现实的表现手法。数字公共艺术增强现实空间表现指的是，运用数字影像技术增强现实世界的呈现，具体表现为用虚拟现实表现手段叠加于真实现实空间，从而使现实世界中的"场所""空间"环境得以增强。增强（Augment）一词，意为扩大、增加、加强、提高，目的在于通过网络技术增强智能化。

"增强现实"一词用于数字艺术领域，是指运用数字信息技术使真实现实更富于内涵。不过，需要强调的是，增强现实属于混合现实的范畴，是基于虚拟现实基础上发展起来的、用来增强虚拟现实表现的一种艺术手段。增强现实以数字信息技术为支撑，结合影像、图形、图像等艺术形式，以此增强虚拟世界和真实世界"场所""空间"的艺术氛围。

第一，处在真实现实和虚拟现实混合环境中的观众，若想能够真正沉浸于打造的虚拟现实场景，就必须戴上护目镜，以便能够看清整个"场"境中由数字影像投影机投射到真实现实物理环境中的图像，从而使用户远离日常生活所积累起来的真实物理环境中的知觉经验。这种被增强了的信息既可以是虚拟图形的写实场景，也可以是与真实现实相一致的影像作品，二者可同时投射在同一个"场"境中。

第二，影像的空间定位必须随观众的视线转动而改变。增强现实所呈现的影像应在空间定位上与观众保持一致，当观众改变头部位置、变动视野方向时，通过计算机三维环境注册系统，使观众的视线与计算机投射的艺术内容产生互动。

第三，运用人文智能技术。观众可穿戴计算机、传感器等数字设备，获取日常相关信息，并以此与其他观众同时进行艺术信息的互动交流。人文智能表现为人的意识行为扩展，增强现实所采用的虚中见实、实中含虚的方式使真实现实与虚拟现实能够统一起来各取所长。

增强现实空间技术的特点，主要表现在三个方面：第一，它是虚拟现实与真实现实的结合。用户可将显示器屏幕与真实环境相融合，当图标在界面移动时，所叠映的是现实对象，通过手、眼便可以发布操作指令，使三维空间中的真实全景物象根据观众的需要而产生互动。第二，实时交互时，可以使人完全融入周围的环境中去，使得交互双方实现无缝对接，浑然一体。第三，观众根据需要可以实时调整，增进计算机中的信息数据。由于增强现实具有上述技术特点，因此增强现实数字艺术所应用的范围变得十分广泛，可涵盖建筑物内、外物理空间，以至成为数字公共艺术重要的展现和装饰手段。总之，增强现实数字公共艺术不同于以往的传统艺术，传统艺术在总体分类上，把艺术分为现实主义与表现主义两大类别，并将之严格地区分开来，增强现实数字艺术的新技术特点，却能够将这二者混合在同一个空间。这种结合方式，已不是纯然的超现实虚幻，而是利用交互式新媒体，把人的现实感受经验与数字技术结合，形成新的艺术形式。

（四）互动性屏幕设计

互动屏幕（Interactive Screens）是指数字化公共艺术通过互动屏幕的展示，人机交流的互动接口不是由艺术家控制，而是由观众控制。有趣的是，互动屏幕可以对各种形式的刺激做出反应，如视觉、听觉或触觉信息。虽然互动屏幕的装置技术方面，也涉及大量数据的传达，但更重要的是屏幕内容与公众的联系、互动。例如，《开放城市电视》（Open Urban Television）项目设计，该互动屏幕于2015年由JARD设计研发，在西班牙马德里的城市公共空间中进行实时连接，并将图像的改变置于开放状态。人们可以激活城市的"互动屏幕"，并与其他公民分享即时信息，就是互动性屏幕的一种表现。[1]

互动屏幕的数字化公共艺术形式，是成为体验数字艺术的另一种展示方式——以三维视觉语言呈现。公共空间中三维艺术形态的设计，为建筑空间嵌入了象征意义的数字隐喻。更重要的是，这种艺术形式的改变，丰富了平面媒体的视觉效果。

（五）数字雕塑设计

数字雕塑包括物理形态的实体雕塑，也包括数字图像形式的虚拟"墙绘"，不论是何种形式，都关注数字创作如何激活公共空间。

在3D打印技术的推动下，城市公共空间的数字特性更加明显，而且这种新媒体艺术形式发展很快。一方面，工艺艺术创作者可以使用3D软件计算、雕塑和设计艺术品或结构。另一方面，随着3D打印技术的发展，更复杂的空间雕塑组件可以被生产出来，更大的模块组件也可以被制造。许多著名的艺术家，如美国雕塑家肯·凯勒赫，致力于创造独特的雕塑形式和体验，通过使用计算机重新构想数字雕塑，以渲染雕塑在城市空间中可以摆放的位置。

---

[1] 陈媛媛：《公共空间的新媒体艺术》，同济大学出版社，第168页。

一方面，数字雕塑的技术与3D打印密不可分，另一方面，其艺术创作的灵感也来源于"涂鸦"形式的墙绘。在城市公共空间中，墙绘"涂鸦"也是艺术激活空间的一种形式。街头艺术——"涂鸦"形式存在于城市公共空间，是数字技术对传统街头艺术文化的延伸。虽然实体"涂鸦"艺术在物理空间上受到限制，但它往往是短暂的。物理空间的"涂鸦"墙绘可以标记一处风景甚至是有纪念意义的标志，也可以很快被洗掉，但在互联网上上传的内容则会超越物理空间存在于网络虚拟空间之中。

例如，涂鸦艺术家Sofles使用传统的涂鸦技术，在大型壁画墙绘上运用投影投射了运动图形和视频影像，为"墨尔本白夜文化节"创造了涂鸦墙绘的投影形式，形成了身临其境的分层多媒体体验。"涂鸦"图像的技术结合创作展示了墙绘所使用的新界面画布。交互音乐表演通过手势交互、音乐和视频可视化等方式，形成数字化公共艺术"涂鸦"。通过动作捕捉创作音乐，在现场表演中两台体感交互摄像机拍摄了嘻哈舞者的动作，并在表演可视化上形成矢量化的绿色人物化身，重构了身体、音乐和视频可视化的"涂鸦"界面。

第六章

城市公共艺术设计案例赏析

城市空间是公共艺术的载体，公共艺术则是城市空间的灵魂。公共艺术作为城市文化的一个重要代表，不仅是城市美化的工具，还承载着教育、交流、反思等多重社会功能。在城市公共设计的历史中，出现了许多优秀的作品。通过具体的案例分析，可以看到艺术家如何将个人创意与城市特色相结合，创造出既具有艺术价值又能够引发公众思考的作品。因此，本章将针对城市公共艺术的具体作品案例展开，对一些具有代表性的城市公共艺术作品进行赏析，同时附上笔者本人的一些作品设计，展现城市公共艺术设计的多样魅力。

一、城市公共艺术代表性作品设计案例

（一）城市广场公共艺术设计案例

在城市空间中，广场是人们进行政治、经济、文化等社会活动或交流活动的场所。随着现代城市化的快速发展，广场常常扮演了城市中心的角色，成为一个城市的公共中心、政治中心、娱乐中心，如北京天安门广场、莫斯科红场、布鲁塞尔大广场等。在一个城市中，虽然广场所占面积不大，但它的地位和作用很重要，是城市规划布局的重点之一。同时，城市广场是城市文化的一个窗口，以多元化的艺术形式为大众呈现其公共艺术的魅力，向人们展示着城市文化，品味着历史情怀，体现着时代气息。不同的功能价值定位，使得广场各具特色。广场的公共艺术形式与其他公共艺术相似，共通性在于功能与审美的结合。

1. 杭州日月同辉广场

杭州自古就是我国东南地区的文化经济重心之地，地处京杭大运河南端、长江三角洲核心地带，天然的地理优势为杭州的发展奠定了基础。改革开放以后，杭州的经济发展速度有目共睹，随着二十国集团（G20）领导人峰会的举行和亚运会的筹备，杭州的国际形象进一步提升。日月同辉广场以其独具匠心的设计理念赢得世人瞩目。它正式建成于2009年，两个主体建筑分别为杭州大剧院和国际会议中心。大剧院造型独特巧妙，形似一弯迷人的弦月；国际会议中心宏伟雄奇，恰如钱塘江畔升起的一轮金色太阳，二者共同生动诠释了"日月同辉"的自然蕴意。在"天圆地方"的理念下，另一部分的主要区域则是市民中心，由中心六座环抱的建筑、行政场所和四周四座方形裙楼构成。

杭州国际会议中心与大剧院有所不同，在设计中，更多的是考虑它的实用功能性和在城市规划中担当的使命。所以，杭州国际会议中心的设计，不仅有效整合了大剧院周边的外部空间，与市民中心、大剧院形成三足鼎立，从而达到呼应、协调、完整、统一；也实现了地理环境、功能要求所设定的开放性、包容性、活力性场所的打造。它是功能与形式高度统一的成功之作。采用钢结构建设，高达85m的杭州国际会议中心是以举办大型国际性会议和白金五星级酒店为标准进行设计的，是目前国内面积最大的会议中心。

杭州国际会议中心采用球状"太阳"的设计理念，以金色为主色调，幕墙结合了现代材料复合板和金色玻璃，整个建筑金碧辉煌，象征着杭州这座浪漫之都的价值取向（图6-1）。而杭州大剧院则以其半月形的银色基调，与国际会议中心形成了鲜明的对比，两者遥相呼应，体现了杭州的过去和未来（图6-2）。在设计上，杭州国际会议中心不仅注重美学，而且攻克了技术难关，如球体成形精度控制、吊装过程中结构的安全性及稳定状态的控制等。而杭州大剧院的设计者卡洛斯·奥特则认为，杭州大剧院的建成对杭州具有重要的意义，它拓展了年轻一代的精神素养，成为城市肌理中反应环境文化的重要组成部分。

两大主体建筑连同供市民使用的杭州图书馆、杭州市青少年活动中心、杭州市城市规划展览馆、杭州市市民服务中心等组成的日月同辉广场成了游客、市民游玩聚集的热闹繁华之地，尤其是夜色下的广场更是美轮美奂。

杭州日月同辉广场不仅是城市的文化象征，也是杭州国际化都市发展的关键，它通过整合文化、艺术、商业和休闲等功能，为市民和游客提供了一个多功能的公共空间。广场上的市民广场装设了夜景喷泉、植木林等景观，为国际会议中心四周增添了生动的色彩。

图6-1 杭州国际会议中心

图6-2　杭州大剧院

此外，杭州日月同辉广场还体现了浓厚的人文情怀。在广场周围的建筑中，杭州图书馆尤其彰显了这一特点。从2003年起，杭州图书馆就允许乞讨者和拾荒者进馆阅读，在阅读面前，没有等级，没有差异，开放的管理体现出平等的人文精神，这也是日月同辉广场公共性的体现。

2. 武汉光谷广场中心环岛

《星河》是位于武汉光谷广场的大型公共艺术雕塑，荣获《雕塑》杂志2019年度"最佳公共艺术"。其设计和制作体现了现代公共艺术与城市环境的完美结合。

从外形体积来看，《星河》雕塑位于武汉光谷的环岛上，雕塑直径9000厘米，最高点达4000厘米，1460多吨钢结构主龙骨，网壳有3780个相交点，11000多根杆件，不锈钢管总长度14000多米，总重量达1400多吨，创目前国内单体钢结构公共艺术品体量之最。❶雕塑的7根交叠错落的主龙骨构成了"星河"的主体，随着观看角度的变换，呈现出宛如"山峦层叠"，又如"空中河流"般蜿蜒起伏的姿态（图6-3）。

《星河》雕塑的设计灵感来源于武汉的自然景观和"光谷"这个浪漫诗意的名字。设计

---

❶ 熊时涛：《〈星河〉武汉光谷广场大型公共艺术作品创作与设计》，《雕塑》，2020年第5期。

图6-3 武汉光谷广场中心环岛《星河》雕塑设计

者试图通过对武汉山水城市意向的艺术凝练与抽象表达，将星空下的银河浮现在人们眼前，符合总体规划中提出的"创新引领的全球城市，江风湖韵的美丽武汉"的大目标。

其中，雕塑的主体富有韵律的起伏造型，象征武汉山水交融的城市地貌。三条显现而充满张力的曲线对应武汉三镇，俯瞰近似玉璧的环形形态是对未来美好生活的向往。线条交织出迈向未来的梦想也将在深夜的星空点亮。

《星河》雕塑采用通体暖白色的处理手法，既能表达人们对星空纯洁的想象，又能与晚上流动的彩色灯光形成视觉对比，进一步传达出古老的武汉正在成为引领全球风尚的未来城市。在灯光设计上，《星河》雕塑的灯光设计非常独特，使用了19000个灯具，其中14000个是定制的特型灯具。灯光设计分为平时、假日、庆典等多重模式，市民、游客每次经过会有不同视觉效果。灯光设计达到"灯光秀"的水准，华灯初上时，"星河"璀璨，让浪漫欢腾随光线散布至光谷广场的每一个角落。

在安装实施过程中，《星河》雕塑的施工团队经历了一个巨大的挑战。雕塑的制作和安装在不到80天的紧张工期内完成，涉及200多位专业技术人员和5个施工班组。雕塑的安装采用了多台吊车同时进场、同步调整的方案，确保了雕塑的空间定点和结构的稳定性。

总体来说，《星河》不仅是一件艺术品，更是武汉城市文化的象征。它传递的是一抹诗意，在环岛中心处，由它所构筑的星空下的长河，是送给每一位在都市里奔忙而快要忘记仰望星空的人们一个凝望的瞬间。通过这些设计和施工的细节，可以看出《星河》雕塑不仅是一个视觉艺术作品，更是一个融合了自然、文化、科技和城市发展的象征，展示了武汉作为现代化大都市的风采和未来愿景。

3. 北京大兴国际机场公共艺术

北京大兴国际机场不仅是一个现代化的交通枢纽，更是一个充满艺术气息的公共空间。其公共艺术设计旨在将机场打造成一个开放、共享的艺术"博物馆"。北京大兴国际机场的公共艺术设计由中央美术学院承接，致力于将机场建设成一个人文机场，通过公共艺术作品提升空间的文化氛围和艺术价值。设计规划理念遵循"艺术+交互""艺术+功能""艺术+计划"和"艺术+平台"的"四加原则"，旨在通过艺术作品与旅客的互动，增强机场的人文气息。

北京大兴国际机场的公共艺术作品十分丰富，其分布在多个区域，包括候机楼、指廊、庭院等。在这众多的公共艺术作品中，有不少都是采用新兴的数字化艺术制作而成。例如，作品《舷窗》位于三层南指廊，由王中和靳海璇创作。作品通过机场机窗装置与中国各地自然人文风光互动，采用交互式触控显示器、不锈钢制作而成。舷窗屏幕上有一些小图标，每一个图标记录着一个景点的影像，点击图标，建筑物会变成实时影像出现在游客面前，有较强的互动性。

《意园》位于二层西南庭院"田园"，由朱锫创作。作品采用亚克力管、内置LED光源、碎石制作而成，暗含中国传统建筑园林之艺术精神。《归鸟集》位于二层国际到达通道处，由费俊创作。作品是一组互动影像装置，运用中国宋代花鸟画的视觉语言，营造出数字花鸟长卷。《微笑窗口》位于二层国际到达通道处，由费俊深化设计。作品是一面以多语言"欢迎"文字及多种族"微笑"图像构建的数字画壁。作品《爱》位于北京大兴国际机场三层南指廊端头，整个作品采用不锈钢、综合材料制作而成（图6-4）。作品以世界上不同语言的"爱"组合成为一个心形悬挂装置。使旅客到达新机场，就可以看到中国面对世界的第一个字——"爱"。

北京大兴国际机场的公共艺术不仅注重艺术表现，还强调功能性。例如，《花语》作品不仅美观，还能根据日照变化自动调节光线；《形随意动》座椅可以根据需要变换位置，提供舒适的休息空间。此外，灯光设计也是北京大兴国际机场公共艺术的重要组成部分。作品如《行云流水》和《滴水倒影》通过灯光和材质的变化，营造出极美的视觉效果。

总体而言，北京大兴国际机场的公共艺术作品不仅展示了现代艺术，融入了丰富的中国传统文化元素，而且运用了不少现代数字技术，体现出我国传统文化与新兴技术的完美融合。

图6-4　北京大兴国际机场公共艺术作品《爱》

4. 无锡太湖广场公共艺术

在无锡，太湖广场一直是周边居民进行娱乐活动和体育锻炼的核心场所，它不仅见证了无锡城市化的发展，也是市民文化生活的重要组成部分。然而，随着时间的推移，广场的景观和设施已逐渐落后于现代城市的发展步伐和居民的期望，迫切需要进行更新改造。无锡城建集团秉持着"细微更新，迅速改造"的原则，将公共利益放在首位，展现出城市的关怀与温暖。在保持广场的基本结构和原始设计的同时，对一些景观元素进行了创新性升级。例如，在广场的中心轴线上，原先的下沉区域被改造成了一个反射水池，巧妙地将周围的建筑物融入景观，创造了一种视觉上的延伸效果。设计团队在深入的现场调研基础上，提出了一种新的设计理念，将先进的技术，如数字技术等整合进城市景观设计中，不仅是公共艺术一种创新的尝试，而且是对未来城市发展的深远考虑。

太湖广场更新项目公共艺术创新设计系列方案包括《流苏》《月相之门》《小天使》《守护》《时间循环》《镜像》六件作品。其中《小天使》《守护》为青铜雕塑，《时间循环》为不锈钢雕塑，《流苏》《月相之门》《镜像》则在设计思路上加入智能化设计，适应当下时代科技的发展。景观设置中智能技术和手段的引入，提升了人与景观的交互性，依靠信息采集与传感、检测算法等进行智能化处理，可以根据场景调节景观雕塑所呈现的照明效果。

《流苏》采用四台海康威视臻全彩夜400万POE室内外超高清网络摄像机作为视频采集端，全彩级传感器，24h彩色记录，白昼黑夜都可以准确识别；采用华三千兆POE交换机，通过网线直接连接摄像机为其供电，同时连接边缘设备高性能硬件平台英伟达NVIDIA Jetson Xavier NX，外形小巧的模组系统（SOM）将超级计算机的性能带到了边缘端，超高的加速计算能力可并行运行现代神经网络，并处理来自多个高分辨率传感器的数据。4个摄像机间隔部署在鲤鱼池四周环形廊道上，检测范围覆盖整个环形廊道。检测算法采用YOLOv3行人检测算法，将特征金字塔与Darknet-53网络模型相结合，使用了多个尺度的特征图进行预测，提高了小目标的检测性能。在保证实时检测的速度优势的前提下，算法模型的检测精度、准确性得到了进一步的保障。❶整个检测算法部署在作为计算中心的边缘设备上，通过定时控制边缘设备的工作，智能化控制视觉识别检测算法的工作。池中央鲤鱼板上流苏灯条根据廊道上检测出人数变化，调整照明灯光的颜色和场景流动效果，体现出照明景观的人性化及互动性，同时实时接受控制来根据现实情况实时调整变换。通过应用智能视觉技术，为人们带来更加丰富的视觉体验（图6-5）。

《月相之门》汲取了中国传统园林中普遍存在的圆形拱门的创意，选用了光滑的不锈钢材料，通过简约风格精心打造了拱门的形态，在高度和尺寸上保持一致，形成了一系列充满趣味的雾化艺术装置（图6-6）。这些装置不仅可以在夏天起到降温的作用，还因其别具一格的外观设计成为许多游客和居民拍照的主要选择，充分体现了生态友好、休闲舒适与互动参与的设计理念。

图6-5　无锡太湖广场公共艺术作品《流苏》

---

❶ 唐宏轩：《智能技术时代背景下的公共艺术创新设计——以无锡太湖广场项目更新设计为例》，《创意与设计》2023年第2期。

图6-6　无锡太湖广场公共艺术作品《月相之门》

在智能技术系统使用方面,《月相之门》主要采用2台海康威视工业摄像机作为图像视频采集端,分别部署在拱门两侧,采集并检测拱门两侧小径上的人群数量。结合天气情况与市政中心智慧系统取得网络通信,按照指示确定是否开启雾森系统,根据实时检测的人群数据,向下层雾森系统PLC控制装置通信传递指令,不同的人群数量触发不同的雾森喷射效果来增强互动性,同时根据现实情况实时控制雾森喷雾,达到智能化调控的效果。

(二)城市公园公共艺术设计案例

随着时代的发展,面向城市居民的公园逐渐在城市中兴起。构筑一片公园绿地,通过培植花木、人工挖湖、堆叠假山等种种手段,在城市中营造出亲近自然的空间。在这里,老人们晨练乘凉,年轻人遛狗散步,小孩们玩耍嬉戏,活动形式多样,其乐融融。如今,公园作为家居生活的外延,成为现代城市的公共生活空间,是城市居民生活的一部分。公园不仅能为人们提供休闲娱乐等活动的空间,成为城市快节奏下的一个缓冲带,也是城市空间功能布局、城市文化建设的需要。因此,无论是从生活特征、城市空间功能布局,还是从城市文化学的角度来说,公园的发展都具有划时代的意义,有利于城市生态健康和谐发展。

公园作为公共绿地的代表空间,是城市的心脏,是市民休闲文化生活的重要空间。与街头绿地不同,公园除了绿植、小径、活动设施等基本设施外,往往有其特色的主题与艺术,能够吸引更多的市民与游客。因此,以城市公园为空间环境,进行公园公共艺术的创作具有一定的可行性和意义。

1. 德克萨斯医疗中心螺旋公园

德克萨斯医疗中心螺旋公园公园是位于美国德克萨斯州休斯顿的一个创新性公共空间，它不仅是一个休闲和娱乐的场所，也是科学、医学和健康教育的展示平台。

公园由六个小公园组成，以 DNA 为灵感的双螺旋设计将六个公园连接起来，形成了相互连接但又各具特色的公共空间（图6-7），旨在提供一个具有教育性和互动性的公共空间，让游客在享受户外环境的同时，了解医学和健康科学的知识。

图6-7 德克萨斯医疗中心螺旋公园夜景

公园丰富的公共空间和零售场所可以容纳各种活动。为了营造一个舒适、美观的聚集区域，公园内种植了650多棵不同品种的树木，为场地提供遮蔽，并通过热反射路径实现降温。

由于螺旋公园位于布雷斯湾沿岸的洪泛区，因此场地面临洪水袭击的风险。为了降低这种风险，公园设计采取了以下措施：首先，将场地被抬高5米，整体高于洪泛区，物理上减少水患的影响。其次，园中道路采用可渗透铺面并设计水道，使雨水能够有效渗透及排放，从而降低雨季的洪涝风险。这些实用的防洪方法与公园的设计完美地整合在一起，并赋予实用的水道以独特的休闲功能，为公园使用者提供自然降温的效果。通过水管理营造生态弹性景观是螺旋公园设计的核心，目前，水道已完全融入公园的整体规划之中，为城市公共空间潜在的问题提供了有效的处理方式。

2. 伦敦奥林匹克公园

伦敦奥林匹克公园是19世纪以来英国新建最大的城市公园，被英国视为一场城市复兴的实践。占地250英亩的公园设计采取可持续发展的设计方法，不仅为奥林匹克运动会提供服务，同时考虑将来成为英国乃至国际的城市绿地空间。该项目最初的总体规划由EDAW为首的设计团队完成。2008年后，由哈格里夫斯（Hargreaves）北美项目组和英国LDA景观设计协会（Landscape Design Associates）共同对景观总体规划进行了修订，公共艺术建设是整体景观与策略制定中的重要因素。通过邀请当地艺术家和社区居民参与，奥林匹克公园公共艺术在融入社区方面取得了很大的成功，多达35个永久性或临时性公共艺术品陆续展开并完成。最有代表的包括公园围栏上的《飞行光谱》、怀特沃特河内的《石碑》、结合了园林设计的《野花丛》等。此处重点介绍知名度和曝光率都更高的代表性作品——《轨道塔》。

2010年3月，一座还在论证中就被宣传为能与埃菲尔铁塔比肩的建筑——伦敦《轨道塔》（全称直译为阿塞洛米塔尔轨道塔）在伊丽莎白女王体育场旁边落成。人们隐约能看到包裹在红色网格状钢架中的垂直电梯和观景平台，也能分辨出一条玻璃走道围绕着中心柱，从地面盘曲而上，除此之外别无他物（图6-8）。

在《轨道塔》的建设过程中，出资人和设计者的一致愿望是超过埃菲尔铁塔。可能是为了与规整对称的埃菲尔铁塔形成反差，设计者选用了如此不规则的、几近漫天飞舞的主体结构。包裹着不同高度的两个观景平台以及一个位于地面的游客中心。游客乘电梯抵达平台可以一览整个奥林匹克公园乃至雾都伦敦的全景，当然是在没有雾的时候。游客也可乘电梯折返，但设计者更希望人们能沿着透明的旋转楼梯下降至地面，途中还可以欣赏阿尼什·卡普尔的两件镜面雕塑。

图6-8 伦敦奥林匹克公园《轨道塔》

整体建设共耗用2000吨钢铁，相当于1136辆伦敦著名的黑色出租车总重。在材料的选用方面，阿塞洛米塔尔钢铁集团自豪地宣称其中60%都是循环利用的，符合环保理念。❶

伦敦借奥运会的契机，举办名为"文化奥运"的系列大型文化艺术活动，旨在通过艺术展示体育精神之外的英国文化创造力与多元包容性。而伦敦奥运战略报告早已提出："我们希望奥运为我们带来的不仅是一座座崭新的奥运赛场，更是一种新的具有创造性和可持续性的生活方式。"轨道塔不仅是2012年伦敦奥运会的地标之一，也是伦敦的新地标建筑和该次奥运会和残奥会的永久遗产，还在斯特拉特福德地区的复兴中发挥了重要作用，成为该地区的新地标和文化中心。《轨道塔》和其他伦敦奥林匹克公园公共艺术都不同程度地体现出鲜明且不可替代的文化属性。

3. 上海静安雕塑公园

静安雕塑公园是上海市中心一个开放式的城市公园，也是目前上海唯一的雕塑公园。基地位于上海市中心城区静安区东部，东至成都北路，依托交通主干道南北高架与上海各区域形成紧密联系；南至北京西路；西至石门二路；北至山海关路，与苏州河相邻。总占地面积约为6.5万平方米，是上海市民游憩、休闲和接受艺术熏陶的重要活动场所。

在静安雕塑公园国际化的过程中，作为世界博览会的一部分，进行可持续发展公共艺术建设是一次重要的契机。在国际上以非传统和争议性著称的比利时70后艺术家阿纳·奎兹（Arne Quinze）发挥了重要作用。阿纳·奎兹注重观念探索和跨界艺术语言表达，被誉为先锋派交界艺术家。其最为大众所了解的标志性风格就是用木材搭建的装置雕塑，这些作品既有建筑的厚重，又有雕塑的灵动。经过一段时间的考察，结合自己对中国的了解，他在这里完成了中国当代公园公共艺术的代表作《火焰》。

《火焰》看上去与许多公园里具有遮阳功能的长廊类似，但与规整可谓无缘，更像是大量纷乱的红色木条随意搭接而成的。但细看之下，这些木条内部似乎又有着严谨的逻辑，保持着极高的坚固度。首先，从形式上来说，以单一元素进行组合，但产生这种"崩溃边缘的平衡效果"（奥登伯格语），是当代公共艺术实践中广泛采用的形式语言，能够适应多种环境。作者自己的解释是：中国人口众多，但能从一个贫困国家发展到今天的繁荣，团结必不可少。这正像作品中大量木条组构成坚固的结构一样。作品鲜艳的红色与公园中大量的绿地形成鲜明的对比，唤起人们的激情，同时也呼应着红色在中国传统文化中的重要

---

❶ 王鹤：《公共艺术赏析：八种特定环境公共艺术案例》，华中科技大学出版社，2020，第18页。

地位。以木材为基本材料除了呼应形式和功能外，还对应着上海世博会"城市，让生活更美好"的主题，注重环保、可回收、可持续发展，虽然作品在几个月后被拆除了，但能引起人们持久的关注。

总体来看，《火焰》作品的设计者主要根据公园休闲氛围和绿地偏多的具体环境，结合世界博览会环保主题和中国传统文化背景，完成了这件典型的公园公共艺术作品。虽然对这件作品"别具一格"的形式可能会有很多人不接受，但阿纳·奎兹的作品是以引发争议著称的。这些作品拆除或搬迁后又总会引起当地人的怀念。

（三）城市街道公共艺术设计案例

街道是一个与周围环境密不可分的空间，常常伴随当地建筑存在。作为一个城市的主要交通干道，街道的作用是联系城市的各大功能区，是城市对外联系的门户。因此，整个街道的景观往往诠释着一座城市的风貌与特征。

公共艺术在街道建设中的发展具有重要的影响，它的形式不同，产生的作用也不同。归纳起来，公共艺术能够对城市街道产生美学作用、社会作用、经济作用及文化作用。

不同的街道形式对公共艺术的要求各不相同。对城市交通性街道来说，以地铁为例，其公共艺术侧重于展示性，一般要求布置于道路的沿途两侧，以便吸引人们的视线，并在创作上要求更能代表城市的文化底蕴。对于生活性街道来说，如社区小路，属于车行与步行合二为一的混合型街道，是市民生活、娱乐、工作、交往的公共性空间，这就要求在创作上注重轻松、愉悦的视觉体验，并兼顾实用性。城市商业步行街是集购物、休闲、娱乐于一体的空间，商业特点显著，而且当今商业活动越来越发达，公共艺术也更趋人性化、多元化。

1. 成都宽窄巷子文化墙

位于成都宽窄巷子井巷子口西墙的作品《宽窄巷子文化墙》，是黑白老照片展示平面艺术与浮雕立体艺术结合的新型公共艺术作品。这样一个传统街道，展示了可读性、知识性及历史性相融合的成都记忆，成为著名雕塑艺术家朱成先生创作思想的体现。

作品内容就是改造前宽窄巷子最平常的生活片段。艺术品的创新之处在于原景等大复制，达到原景原地的重现。原景真实照片与艺术创作结合，亦虚亦实，亦幻亦真，让记忆与现实在瞬间得到升华。

该作品是对于宽窄巷子传统的市井生活的一次生动再现（图6-9、图6-10）。现代人们无法回到过去去亲身体验这种生活，但是，通过一张张雕塑作品写实的表现和记录，利用腐蚀的铝板表现二维的背景场景，局部重点内容再通过立体高浮雕的方法强调突出，营造出丰富的空间和视觉效果的方法，不仅可以通过视觉去体会宽窄巷子的过去，甚至还可以通过立体浮雕所营造的空间感去真实地感受这段市井生活的历史。

图6-9 《宽窄巷子文化墙》局部（一）　　　　图6-10 《宽窄巷子文化墙》局部（二）

总之，公共艺术《宽窄巷子文化墙》通过一座座浮雕，展示了老成都的生活场景，如街边的盖碗茶、雨中的卖菜人、下棋逗鸟的老人等，每一幅场景都是老成都生活的缩影。此外，文化墙上还有老成都人坐在院子里享受阳光、翻看报纸、摆龙门阵的生活画面。这种通过平面和立体浮雕艺术的"真假"转换，在时空上的"穿越"与"限制"，可以使人们感受到历史与当下之间文化脉络就是通过这一个个熟悉平凡的市井生活传播延续的。

《宽窄巷子文化墙》不只是一件成功的公共艺术作品，也在一定程度上告诉人们如何更好地懂得"继承与发展"及"保护与传承"。

2. 青岛台东步行街

在青岛，有这样一个说法："朝看壁画夜赏灯，购物休闲在台东。"这一俗语形象地描述了青岛台东壁画步行街的繁荣特色。但是，在青岛市改造市北区的旧城之前，这里却完全是另外一个样子。

台东三路步行街是青岛市的老商业区，全长约1000米，是青岛最长的商业步行街。这里商铺林立，但由于历史的原因，商铺与居民楼混杂在一起。2004年以前，这些居民楼外墙老化，有的墙面材料开始脱落，外挂的空调机杂乱无章，而且墙外随意挂满了形形色色的衣物，被当地人形象地称为"抹布"，与市南区、崂山区的"金边"对比鲜明。

市政府在改造整治时发现，如果拆迁重建则面临一系列问题，如时间紧张、费用成本不足等。因此，在对步行街进行改造时，为了尽量减少对居民日常生活的干扰，缩短施工时间，同时不破坏外墙面，市政府决定创造性地利用室外壁画这一公共艺术形式。因为，公共艺术本身具有强烈的表现力，可以提升步行街区的文化内涵，展现自身的个性，还可以利用彩绘涂料保护原墙面的面层材料，增加墙面的防水性能。

壁画中有民俗图案、海洋装饰、时尚元素、戏曲脸谱等内容，在改造的过程中，把壁画创作变成公益活动，全新的色彩与全新的主题诠释出步行街的繁华与时代的精彩。艺术家以充分的自由度进行创作，它的成功给公共艺术的研究者提供了新的案例，给城市公共艺术提供了一种新的模式（图6-11）。

例如，壁画作品《紫气东来》墙绘以海浪、帆船、祥云、海鸟等具有青岛特色的元素，围绕红色的"旗帜"在画面上徐徐展开，呈现出吉祥康泰、繁荣向上的盛世图景（图6-12）❶。

图6-11　青岛台东步行街壁画局部

图6-12　青岛台东步行街壁画《紫气东来》

---

❶ 青报网：《释放活力激情，台东步行街墙绘换新颜》https：//www.dailyqd.com/guanhai/238587_2.html，访问日期：2024年7月11日。

如今，在步行街两侧，约有6万平方米的室外壁画，是国内最大的壁画景观之一。也是国内目前最大的一个城市公共艺术项目。而青岛台东壁画步行街也已经成为青岛最大的商圈之一。

3. 南宋御街九墙系列作品

"杭州九墙"随南宋御街一同亮相。但它却不是什么真正的"墙"，而是中国美术学院杨奇瑞教授的艺术作品。人们称这九面墙是南宋御街改建的点睛之笔。实际上，这幅作品就是从先前老杭州人的生活记忆中提炼的横断面标本，让人们知道以前杭州还有过这样的日子。墙壁上镶嵌着自行车、楼梯、镜子、煤炉灶等日常用品，都是从拆迁之前附近的老杭州人家里觅得的，从一个侧面展示了20世纪杭州人的真实生活场景。现在已经成为杭州一景，凡是到河坊街、鼓楼等老城区旅游的人都会来此逛逛。

"九墙系列"包括了壁画作品《杂院轶事》《无名闸口》《石库门们》《河坊阁楼》《几代土墙》《陌巷无觅》《高宗壁书》《官窑寻踪》《曾经故园》，除杨奇瑞教授，参与协作的还有曾令香、李德忠、张浩光、岳海等人。在经过漫长的构思之后，他们开始在杭州城内到处穿梭，一方面进行调查，与普通老百姓密切交流，寻找在现代城市化进程中逐渐流失的记忆和文化，钩沉人们心灵深处对城市、生活的精神诉求；另一方面采集素材，从海选、发放调查表、意见征集到最后完成，每一个工作细节琐碎而严谨。"九墙系列"每一件展示的物什都是这样从拆迁之前的老杭州人家里收集过来的。

在九墙系列的创作上，这些作品的共同特点是：峻朗的钢板形成一个封闭的外框，内中镶嵌以煤气灶、铁桶等现成品，或拆迁的生活废弃物，以及老泥墙、沥青路面等建筑材料，前者象征着现代化的工业文明，显示出理性、强力和秩序，后者代表着老的生活传统，充满感性、质朴和温馨，两者在内涵与材质上的强烈对比，营造出视觉上的矛盾与冲撞。将昔日生活中司空见惯、弃之不用的老物件，郑重地镶嵌进墙体作立面的审视，向世人昭告对逝去生活的祭奠，警醒人们关注身边正在发生的变化，重新审视刚刚逝去的生活。❶

在艺术处理上，"九墙系列"中作品与环境的关系表现得尤为突出，对比无处不在。第一，"九墙系列"处在历史文化底蕴极深的位置，曾经的南宋宫城就位于此，其凸显的历史传统的延续与周围的都市环境形成鲜明对比；第二，九墙与其上面现代特征明显的建筑风格

---

❶ 杨奇瑞：《公共艺术实践案例解析》，中国建筑工业出版社，2020，第72页。

形成对比；第三，古朴的作品与粗犷冷酷的钢材框形成对比。作者似乎故意这样设计，通过这种对比，强有力地表达出本土文化在工业文明发展史上正逐渐流失的境况。

九面精心打造的艺术墙体，正在静默无声地讲述过去不同寻常的故事，重现了当年生活的横断面，它的时间跨度之大，带给人极具震撼的冲击力。高宗壁书、老式门窗、老式煤球炉、老式凤凰牌自行车、旧窑，等等（图6-13~图6-15）❶。这些精选的素材，加以构图组织，体现了作者对本土地域文化、历史的一种冷静思考，对当代城市空间变迁的关注。使公众在游览时，能够产生情感的共鸣和互动。

"九墙系列"作为公共艺术在街道中的运用，不是仅停留于对过去的迷恋，它的意义在于结合地域文化特色所体现的艺术创新，强调对城市历史生命体的尊重和人与自然的和谐共处。无论是从空间布局、造型设计到元素提取，还是可持续的互动，"九墙系列"在公共空间里都呈现出一种开放的姿态，成为一种活的城市文化形态。它的出现，打破了原有城市雕塑的疆界，丰富和发展了城市的文化生态，这是难能可贵的。

图6-13　南宋御街作品《河坊阁楼》

图6-14　南宋御街作品《杂巷轶事》

图6-15　南宋御街作品《官窑寻踪》

---

❶ 刘钢：《杭州九墙》，《科学网》https://blog.sciencenet.cn/blog-105489-1161812.html，访问日期：2024年7月11日。

（四）城市大型公共设施艺术设计案例

1. 清华大学艺术博物馆

近年来，国内高校博物馆发展较快，并逐渐在博物馆行业崭露头角。但截至目前，真正实现艺术与科技的结合、打造数字化艺术博物馆的并不多，而清华大学艺术博物馆却是其中的佼佼者。

建筑本身就是一件艺术作品。清华大学艺术博物馆融汇古今，博采中西之长，由瑞士著名建筑设计师马里奥·博塔设计，场馆建筑占地约15000平方米，总建筑面积30000平方米，展厅总面积约9000平方米，也是目前中国高校博物馆中面积最大的一座。它落成于2016年，同年对外开放，面向学校师生、社会大众。

清华大学艺术博物馆在突破办馆资源单一、开放程度低、交流活动缺乏等方面的创新具有显著特色。其馆内收藏极其丰富，积累了自20世纪50年代以来的数万件藏品，涵盖书画、染织、陶瓷、家具等领域，其中不乏精品。针对这些馆藏作品，博物馆采用了先进的科技与信息技术，通过数字化摄影、摄像和扫描技术，保存高质量的影像和图片资料，并对作品文字进行整理分析，充分运用视觉化、语言化的手法，使藏品的展现形式打破时空局限，从而丰富多样，变得智能化、趣味化和直观化。人们可以在网络上看见这些藏品高清晰度的3D效果及获取多种信息。同时，为了扩大交流，实现资源共享和互补，促进互动，清华大学艺术博物馆还多次举办兼具思想性、艺术性、教育性的公共教育活动，并与国际著名博物馆及国内博物馆进行合作，注重古典与现代、艺术与科学的内外交流，这也体现了它的公共性、共享性和互动性。

总之，作为一个数字化博物馆、人文类博物馆的先锋，清华大学艺术博物馆在建筑、技术、艺术、体验四个方面都进行了统筹，不论是建筑外观、智能系统还是内部空间设计、设施装置等都体现了它的国际一流水准。其适用性、科学性、艺术性的兼顾，统一为它彰显人文、荟萃艺术的功能而服务。

2. 成都太古里

在国外，人们把注重休闲娱乐，为消费者构建全新生活空间的购物中心定义为Lifestyle Center（时尚生活中心），并且这种成功的商业街区案例在国外屡见不鲜。而成都远洋太古里作为开放式、低密度的街区形态购物中心，也是国内Lifestyle Center中颇具特色的一个案例。

在规划设计伊始，远洋太古里就面临着周围旧有街巷脉络、历史建筑、老式住宅区面积大的问题。规划方案最终选择保留历史脉络，将古老街巷、历史建筑与融入川西风格的新建筑相互穿插，营造出开放自由的城市空间。购物中心围绕千年古刹大慈寺而建，保留了笔帖式街、和尚街、马家巷等历史街道。在设计过程中，尽可能使都市文化与历史文化融为一体；同时，开放式的街区为周边居民提供了极大的方便，独栋建筑、空中连廊及下沉空间的巧妙组合，结合广场和街道的尺度，使街区成为天然的休闲、聚会场所。这种公共生活空间的建设、文化之根的传承在城市化快速发展的当下，具有很好的借鉴意义。

为了将成都的地域文化与周围建筑融为一体，远洋太古里遵循了"慢生活"这一原则，建筑密度低，街道开阔，在风格上融入简朴、现代主义的极简理念，在材料方面也力求朴素。整个区域建筑在繁华的核心商圈中，内高外低，疏密错落，巷子套巷子，相互联通，如同一个聚合的村落。同时将店铺本来的私有化空间向四面开放，转化为公共空间。这种错落的连续性使人在视觉上也有了连续的观感体验，既迎合了消费者心理，又带来闲适感。

当然，成都远洋太古里在融入地域文化特征的同时，也注重现代时尚的商业氛围设计。整个商业中心分为"快里"和"慢里"两个部分。"快里"以时尚品牌为主，贯穿东西广场，在建筑设计中融入更多时尚元素；而"慢里"则围绕大慈寺，以餐饮、文艺小店为主，主题为慢生活，打造双重生活体验。不仅如此，成都远洋太古里还充分考虑当今互联网背景下的商圈变化——电商的迅猛发展，实体商业受到极大冲击，体验成为实体店的一个突破点，太古里商圈凸显了各种消费娱乐的综合体，结合电影院、餐饮、服饰、美容、休闲等。

成都太古里的开放街区穿插着众多邀请海内外艺术家创作的现代艺术作品，如《漫想》《婢娟》《父与子》等，有些作品还面向市民征集意见，体现了公共艺术的互动性，而且街区里经常举行文化娱乐、艺术展览、品牌特别活动等，富有人文、时尚、艺术气息。

总体而言，成都远洋太古里的特色在于能够将老成都的地域文化、古建筑、国际创新设计理念、互联网背景下的商圈进行充分融合，以极其现代的手法演绎传统建筑风格，将其表现得淋漓尽致。

3. 深圳园岭居住区群雕

《深圳人的一天》是一组大型纪实性群雕，这些大型雕塑位于深圳园岭居住区南侧。作为城市的公共空间，它具有鲜明的特色和极高的社会价值。

顾名思义，《深圳人的一天》所要表现的即是体现深圳城市生活特色的真实场景。这些雕塑选取了具有典型特征的18类人，如中学生、儿童、医生、公司职员、清洁工人、教师、股民等，依真人等高等大，采用青铜、花岗岩制作（图6-16、图6-17）。主体之外，辅以浮雕墙、凉亭、绿化、灯光、音响等环境设施，呈现出有关这一天的城市生活资料，如城市的基本统计数据（总人口、面积、行政区划、年龄与性别结构、人均收入、寿命、居住面积等）以及天气预报、空气质量报告、股市行情、农副产品价格、影视预告等，补充叙述场景人物、故事的完整性，凝缩再现城市生活中平凡的一天。

图6-16 《深圳人的一天》部分雕塑作品（一）　　　图6-17 《深圳人的一天》部分雕塑作品（二）

　　前期的问卷调查中给予设计师们设计灵感。这些创作对象选取的随机性，充分体现了让公众真正成为公共艺术主人的平民化思维理念。它以高度纪实的手法，截取了城市生活的一个横断面，凝固住城市生活的一个极其普通的时刻，没有夸张也不刻意，既不拔高也不贬低，完全以原生态的方式，忠实地记录城市的历史，客观反映出城市居民的生存状态。

　　《深圳人的一天》打破了传统纪念碑雕塑的固化观念，也改变了雕塑以及公共空间与大众的关系，注入艺术学、社会学、人类学等思维理念，提供了一种全新的叙事角度和方法，是传统城市雕塑创作中的某种语言学转向的风向标。作为国内首次与民众发生直接密切联系的大型公共艺术计划，它的创作方法和具体实施过程成为国内公共空间规划设计的典范。另外，其中所体现的"让社区居民告诉我们怎么做"的哲学思考也为国内公共空间中的公众参与机制提供了一种思路。

（五）数字化公共艺术设计案例

1. 北京 G·PARK 能量公园

G·PARK 能量公园是位于北京的一个创新性数字艺术公园，它通过集成多种数字技术和互动装置，将传统公园空间转变为一个高度互动和智能化的公共空间。

G·PARK 能量公园利用数字技术，如传感器、互联网和人工智能，创造了一个"人+物联网实体"的互动场景，使游客能够与公园设施进行直接互动。公园内设有多个运动点和能源采集点，可以持续收集人体动能和太阳能。其中的太阳能伞利用最新"薄膜发电"技术，12瓦大功率柔性薄膜太阳能芯片产生的电能可同时给10部手机"无线充电"。这些收集到的能源被统一储存，并在需要时重新赋能给公园内的耗电设施，如路灯、水井、娱乐设施和艺术装置。

公园进行了智慧化升级，以"能量花园"为核心概念，通过数字技术的应用，增强了公园的功能性和互动性。在互动装置方面，公园中的互动集电跳泉装置和互动雾喷装置是两个亮点。这些装置利用人体动能产生的电流来激发泉水跳跃或喷雾，增加了游客的互动乐趣。此外，G·PARK 能量公园还引入了"能量币"概念，鼓励游客通过参与公园活动来赚取能量币。例如，居民可以通过公园中开设的虚拟骑行获得一定的能量币（图6-18），这些能量币可以用来使用公园内的娱乐休闲设施，如互动琴弦景观装置、加热座椅和会议室等。

图6-18　虚拟骑行

总体而言，G·PARK 能量公园的设计巧妙地将科技元素与自然环境相结合，创造出一个既现代又生态友好的休闲空间。一方面，通过各种互动装置和活动，不仅促进了社区参与和社交互动，还增强了人们对公共空间的归属感；另一方面，通过能源收集和智慧化管理，G·PARK 能量公园展示了如何有效利用和节约能源，对环境保护具有积极意义。

2. 莫斯科全息影像金字塔

莫斯科全息影像金字塔是由俄罗斯 SYNDICATE 建筑事务所设计的一个创新项目，它在车库（Garage）当代艺术博物馆的夏季影院馆竞赛中获胜。这个设计以其独特的形态和使用的材料，以及功能化的设计而著称，为观影者提供了一个全天候的户外观影体验。

全息影像金字塔的设计灵感来源于公园的开放性和包容性，同时参考了由库哈斯重新构建的Garage博物馆永久空间Vremena Goda咖啡厅。（图6-19）与传统的室内影院不同，这个金字塔结构任何天气条件下都能提供户外观影体验。

图6-19 莫斯科全息影像金字塔

金字塔的外表面采用伪全息投影技术，通过结合金字塔内部LED屏幕和投影映射技术，多个投影仪将图像投射到透明材料上，创造出非常逼真和立体的视觉效果。悬挂于人视线高度的Garage Screen霓虹灯牌，以及红色天鹅绒窗帘的设计，为观影体验增添了节日气氛。金字塔的全息影像外表面能够展示各种视觉内容，包括广告、艺术作品或其他视觉媒体，为观众带来沉浸式的视觉享受。

在金字塔的设计过程中，设计师考虑到与周围环境的融合，金字塔的结构和材料选择旨在与Garage当代艺术博物馆的建筑风格和公园的自然环境相协调。

该项目体现了当代艺术与建筑技术的融合，通过创新的设计手法，将传统的观影体验转化为一种全新的互动和沉浸式体验。作为公共艺术项目的一部分，全息影像金字塔不仅是一个观影空间，也是展示城市文化和艺术的平台，促进了社区参与和文化交流。

3. 纽约时代广场数字瀑布

美国纽约时代广场的数字瀑布是一个令人印象深刻的数字艺术装置，它通过高科技手段将自然景观与城市环境相结合，创造出独特的视觉体验。该项目体现了数字艺术在公空间中的创新应用,通过高科技手段将自然景观与城市环境相结合,创造出一种全新的视觉体验。

数字瀑布位于纽约时代广场一号(One Times Square)大楼外,这是一个标志性的地点,周围林立着300余块户外大屏幕。数字瀑布的屏幕总高度达到102.5m,形成了一个巨大的视觉冲击(图6-20)。

在设计该数字瀑布时,设计团队大胆挑战并联动了四块立式LED屏幕,创造了如瀑布般的效果。这些屏幕不仅尺寸巨大,而且分辨率极高,能够展示细腻的图像和流畅的动态效果。模拟出了水流从高处倾泻而下的场景,水流在建筑顶楼汇聚,形成细腻的浪花,逐渐汇合成汹涌的洪流。这种视觉效果不仅模拟了自然瀑布的动态,还通过数字技术增强了视觉冲击力,使得观众仿佛置身于真实的瀑布之下。

此外,纽约时代广场的数字瀑布不仅仅是一个静态的展示,它还包含互动元素,允许观众通过某种方式(如移动设备或现场互动装置)影响瀑布的流动和视觉效果。

总体来看,纽约时代广场数字瀑布的设计考虑了与时代广场繁忙的城市环境的融合,通过数字艺术的形式,将自然景观引入这个充满商业广告和信息的都市空间中。这种融合不仅为观众提供了一种逃离都市喧嚣的方式,也为时代广场增添了一种独特的文化和艺术氛围。数字瀑布作为一种公共艺术装置,不仅吸引了大量的游客和当地居民,也成为时代广场的一个标志性景观,提升了该地区的文化价值和吸引力。它展示了数字艺术如何为城市公共空间带来创新和活力,同时也推动了数字技术在艺术和设计领域的应用。

图6-20　纽约时代广场数字瀑布

二、城市公共艺术作品个人设计案例

案例一

广场公共艺术雕塑作品——《门神》（图6-21、图6-22）

材质
玻璃钢烤漆

尺寸
1800mm × 1500mm × 850mm

时间
2004年

图6-21　姬舟　雕塑作品《门神》
　　　　　作品入选第十届全国美展

图6-22　作品《门神》应用场景

案例二

广东省机械技师学院主题雕塑作品——《技能之光》（图6-23）

材质
锻不锈钢、喷汽车漆、贴金

尺寸
4680mm×2650mm×2650mm

时间
2019年

图6-23　姬舟　雕塑作品《技能之光》

案例三

西藏布达拉宫珍宝馆大堂主题浮雕（图6-24、图6-25）

材质	尺寸	时间
玻璃钢着色	11450mm×3100mm	2009年

图6-24　姬舟　浮雕作品　布达拉宫珍宝馆彩绘全景
作品入选2012大同国际壁画双年展，成品安装在拉萨市布达拉宫珍宝馆大堂

图6-25　姬舟　壁画作品《文成公主进藏》

案例四

殷墟遗址博物馆公共大厅天花艺术装置——《玄鸟生商》（图6-26、图6-27）

材质
树脂喷漆

尺寸
4300mm×3480mm×4250mm

时间
2023年

图6-26　姬舟　公共空间作品《玄鸟生商》

图6-27　作品《玄鸟生商》空间实景

案例五

珠海粤菜皇冠假日酒店大堂锻铜浮雕——《喜洋洋》（图6-28、图6-29）

尺寸
12000mm×3000mm

时间
2002年

图6-28　姬德顺、姬舟、陈宏践　锻铜浮雕作品《喜洋洋》局部（一）

图6-29　姬德顺、姬舟、陈宏践　锻铜浮雕作品《喜洋洋》局部（二）

案例六

长沙时代倾城楼盘主入口锻铜主题雕塑——《跃》(图6-30、图6-31)

材质
锻铜、不锈钢

尺寸
6000mm×3000mm×3000mm

时间
2011年

图6-30　姬舟　锻铜主题雕塑作品《跃》

图6-31　锻铜主题雕塑作品《跃》细节局部

案例七

中山古镇华艺广场主题雕塑——《龙火》（图6-32、图6-33）

材质
不锈钢喷漆

尺寸
8000mm×3000mm×3000mm

时间
2016年

图6-32　覃大立、姬舟、胡娜珍　主题雕塑作品《龙火》

获第六届"中国营造"2017全国环境艺术设计双年展公共艺术奖专业组铜奖

图6-33 主题雕塑作品《龙火》应用场景

案例八

广州明珠酒店大堂浮雕（图6-34）

材质
玻璃钢贴金箔

尺寸
6000mm×3000mm

时间
2003年

图6-34　韦潞、姬舟、陈宏践　广州明珠酒店大堂浮雕
作品入选第十届全国美展

案例九

广州财富广场大堂锻铜浮雕——《财富天下》（图6-35）

材质
锻铜

尺寸
8000mm×5000mm

时间
2003年

图6-35　姬德顺、姬舟、陈宏践　锻铜浮雕作品《财富天下》

参考文献

[1] 蔡顺兴.场所转向：论数字公共艺术的场性[M].南京：东南大学出版社，2020.

[2] 曹仁宇.景观装置设计——多途径的综合与演进[M].北京：化工工业出版社，2023.

[3] 陈立博.城市公共艺术与互动设计[M].北京：中国商业出版社，2022.

[4] 陈媛媛.公共空间的新媒体艺术[M].上海：同济大学出版社，2020.

[5] 崔松涛，王宇石.公共空间与公共艺术[M].哈尔滨：黑龙江美术出版社，2007.

[6] 高泠.城市公共空间艺术设计的情感体验[D].杭州：浙江工业大学，2009.

[7] 高雨辰.城市文脉保护视野下的公共艺术设计研究[D].天津：天津大学，2016.

[8] 国际新景观.景观公共艺术[M].武汉：华中科技大学出版社，2007.

[9] 郝瑾.当代公共艺术创意设计研究[M].哈尔滨：哈尔滨出版社，2021.

[10] 郝卫国，李玉仓.走向景观的公共艺术[M].北京：中国建筑工业出版社，2011.

[11] 胡哲，陈可欣.艺术造城：城市公共艺术规划[M].武汉：华中科技大学出版社，2020.

[12] 黄有柱.公共文化服务体系建设中的公共艺术发展问题研究[M].武汉：武汉大学出版社，2016.

[13] 江哲丰，张淞.当代城市公共艺术价值及其数据应用[M].北京：中国轻工业出版社，2017.

[14] 姜涛，张翌.城市雕塑与公共空间[M].北京：中国纺织出版社，2022.

[15] 姜子闻.装置艺术介入城市公共艺术及其交互性研究[D].无锡：江南大学，2022.

[16] 康丽淳.城市公共空间设计中装置艺术的应用研究[D].沈阳：鲁迅美术学院，2020.

[17] 李木子.公共艺术研究[M].芜湖：安徽师范大学出版社，2020.

[18] 李楠，刘敬东.景观公共艺术设计[M].北京：化学工业出版社，2015.

[19] 连文莉.现代公共雕塑艺术的认识与思考[M].北京：地质出版社，2023.

[20] 林海.城市景观中的公共艺术设计研究[M].北京：中国大地出版社，2019.

[21] 林振德.公共空间设计 艺术设计类[M].广州：岭南美术出版社，2006.

[22] 蔺宝钢.城市公共艺术人才培养模式研究[M].西安：西北大学出版社，2014.

[23] 马钦忠.公共艺术理论教程[M].北京：中国建筑工业出版社，2017.

[24] 马跃军.公共艺术[M].石家庄：河北美术出版社，2014.

[25] 乔迁.公共艺术设计[M].北京：中国建筑工业出版社，2020.

[26] 乔迁.公共艺术与区域发展：理论和案例[M].北京：中国建筑工业出版社，2022.

[27] 三度出版有限公司.新媒体装置——公共艺术中的科技创新[M].武汉：华中科技大学出版社，2018.

[28] 深圳市艺力文化发展有限公司.装置艺术的建筑与设计[M].广州：华南理工大学出版社，2013.

[29] 宋宛宸.装置艺术在城市公共空间中的造型语言研究[D].唐山：华北理工大学，2020.

[30] 汪大伟，金江波.地方重塑：国际公共艺术奖案例解读 1[M].上海：上海大学出版社，2014.

[31] 汪大伟，金江波.地方重塑：国际公共艺术奖案例解读 2[M].上海：上海大学出版社，2014.

[32] 王峰.艺术与数字重构：城市文化视野的公共艺术及数字化发展[M].北京：中国建筑工业出版社，2016.

[33] 王鹤.公共艺术赏析[M].武汉：华中科技大学出版社，2020.

[34] 王曜，黄雪君，于群，等.城市公共艺术作品设计[M].北京：化学工业出版社，2015.

[35] 温洋.公共艺术中的雕塑叙事与表现[M].沈阳：辽宁美术出版社，2017.

[36] 翁剑青.城市公共艺术：一种与公众社会互动的艺术及其文化的阐释[M].南京：东南大学出版社，2004.

[37] 吴昊.城市公共艺术[M].北京：人民美术出版社，2012.

[38] 吴卫光，张健，刘佳婧，等.公共艺术设计[M].上海：上海人民美术出版社，2017.

[39] 吴馨宇.适老化视角下南京城市公园中的公共艺术设计研究[D].南京：南京林业大学，2021.

[40] 夏威夷．城市公共艺术设计概论[M].北京：中央民族大学出版社，2021.

[41] 杨璐.基于多元视角的公共空间设计研究[M].北京：光明日报出版社，2021.

[42] 杨茂川，何隽.人文关怀视野下的城市公共空间设计[M].北京：科学出版社，2018.

[43] 杨奇瑞，王来阳.城市精神与理想呈现——中国城市公共艺术建设与发展研究[M].杭州：中国美术学院出版社，2014.

[44] 杨奇瑞.公共艺术实践案例解析[M].北京：中国建筑工业出版社，2021.

[45] 叶颖博.现代城市景观中的公共艺术设计探索[M].北京：北京工业大学出版社，2021.

[46] 于洪涛，刘艺.城市公共空间设计[M].北京：中国水利水电出版社，2022.

[47] 于晓亮，吴晓淇.公共环境艺术设计[M].杭州：中国美术学院出版社，2006.

[48] 张新宇.吾城吾形——城市公共艺术设计之新探索篇[M].北京：高等教育出版社，2016.

[49] 张燕根，丁硕赜，张泽佳.公共艺术设计[M].北京：人民邮电出版社，2015.

[50] 中国建筑文化中心.城市公共艺术：案例与路径[M].南京：江苏凤凰科学技术出版社，2018.

[51] 周恒，赖文波.城市公共艺术[M].重庆：重庆大学出版社，2016.

[52] 周秀梅.城市文化视角下的公共艺术整体性设计研究[D].武汉：武汉大学，2013.